基于"BIM+"的公共建筑运维管理

刘克剑　李海凌　贾红艳　肖金贵
胡兆鑫　刘睿玲　杨云钦　著

机械工业出版社

本书将“BIM+”的概念引入公共建筑的运维管理，探究公共建筑运维管理实现的信息化路径和流程，有助于提升公共建筑信息化、智能化运维管理的综合价值。

书中介绍了BIM及公共建筑运维管理的概念、特征、国内外研究及应用现状，分析了在公共建筑中引入BIM进行运维管理的优势和价值，并基于“BIM+多阶段”“BIM+多主体”“BIM+多元化”，引入“BIM+”的公共建筑运维管理，为公共建筑的信息化、智能化管理构建数据协同共享的新型BIM应用模式。最后通过某高校食堂运维管理案例展示“BIM+”公共建筑运维管理的功能实现和应用价值。

本书可作为高等院校工程造价、工程管理专业本科生及管理科学与工程学科研究生教材，也可供公共建筑、大型设备的运维管理人员学习参考。

图书在版编目（CIP）数据

基于“BIM+”的公共建筑运维管理/刘克剑等著.—北京：机械工业出版社，2022.11

ISBN 978-7-111-71578-8

Ⅰ.①基… Ⅱ.①刘… Ⅲ.①建筑工程-项目管理-信息化建设 Ⅳ.①TU71-39

中国版本图书馆CIP数据核字（2022）第167946号

机械工业出版社（北京市百万庄大街22号 邮政编码100037）

策划编辑：刘 涛 责任编辑：刘 涛 于伟蓉

责任校对：薄萌钰 李 婷 封面设计：马精明

责任印制：李 昂

唐山三艺印务有限公司印刷

2022年11月第1版第1次印刷

169mm×239mm · 8印张 · 145千字

标准书号：ISBN 978-7-111-71578-8

定价：49.80元

电话服务 网络服务

客服电话：010-88361066 机 工 官 网：www.cmpbook.com

010-88379833 机 工 官 博：weibo.com/cmp1952

010-68326294 金 书 网：www.golden-book.com

封底无防伪标均为盗版 机工教育服务网：www.cmpedu.com

前　言

随着我国城镇化的不断推进，公共建筑的建设规模不断增长；随着居民生活水平的日益提高，人们对公共建筑有了更加多元化的要求。公共建筑具有设备众多、人员密集、安全要求高、管理者众多的特点，其运维管理较一般建筑更加复杂。近十几年来，建筑行业信息化发展迅猛，BIM 技术在建筑业逐渐得到了广泛的认可及应用，但目前 BIM 的理论和实践应用主要集中在建设项目的设计和施工阶段，向后延伸到运维阶段的相对较少。运维阶段是建筑全生命周期中最长的阶段，也是成本投入最大的阶段，亟须引入 BIM 技术实现信息化、智能化管理，以便优化运维管理工作模式，提升运维管理效率和水平。

本书首先对 BIM 和公共建筑运维管理进行概述，介绍其概念、特征、国内外研究及应用现状，梳理公共建筑运维管理存在的问题，从而分析在公共建筑运维管理中引入 BIM 的优势和应用价值。

其次，从空间管理、维护管理、安全管理、能耗管理、资产管理五个方面具体阐述公共建筑运维管理的内容。为实现上述运维管理内容，基于“BIM+多阶段”“BIM+多主体”“BIM+多元化”，引入“BIM+”的公共建筑运维管理理念，为公共建筑的信息化、智能化管理构建数据协同共享的新型 BIM 应用模式。

再次，搭建基于“BIM+”公共建筑运维管理系统的基础框架，落实系统各层次的主要功能及实现途径，并建立与之相适应的运维管理模式及流程，促进 BIM 从可视化应用阶段到信息协同应用阶段的转变，为实现基于“BIM+”的公共建筑运维管理打下基础。

最后，以某高校食堂为例，分析其运维管理的特征和问题，确定其具体的运维管理内容，展示运维管理系统的功能实现，体现“BIM+”公共建筑运维管理的实用价值。

本书通过在公共建筑运维管理中引入“BIM+”信息技术，构建“BIM+”公共建筑运维管理系统，为实现信息化、智能化公共建筑运维管理提供系统的理论基础和切实可行的技术路线，为公共建筑、大型设备的运维管理人员在运维阶段利用信息化手段提升管理效率提供理论和方法的支持。

本书主要由刘克剑（西华大学）、李海凌（西华大学）、贾红艳（重庆赛迪工程咨询有限公司）、肖金贵（中冶赛迪工程技术股份有限公司）撰写，西华大学研究生胡兆鑫、刘睿玲、杨云钦参与撰写。

本书的编写得到中国高等教育学会2022年度高等教育科学研究规划课题“土木建筑类专业群建设的数字化转型升级困境与对策研究”（课题编号GPSJZW2022-07）、四川省教育厅2021—2023年高等教育人才培养质量和教学改革项目“聚力治蜀兴川战略，‘平台+雁阵’的土木建筑类专硕协同培养模式研究与实践”（课题编号JG2021-920）、日本应急管理研究中心“基于知识管理的自然灾害应急管理信息共享平台研究”（课题编号RBYJ2021-002）、西华大学研究生教育改革创新项目“案例式-启发式-互动式”多维教学方法体系研究（项目编号YJG2018026）的资助。

感谢所有对本书给予帮助和支持的人员。本书在撰写过程中参考了一些相关资料和案例，在此对其相关作者表示感谢。

作　者

目 录

第 1 章

BIM 概述

1.1 BIM 的起源

1974 年 9 月，时任卡内基梅隆大学（Carnegie Mellon University）建筑与计算机科学专业教授 Chuck Eastman⊖（被称之为“BIM 之父”）和他的团队发表了 *An Outline of The Building Description System*（《建筑描述系统概要》），这被视为 BIM 技术的开创性研究。该文主要提出以下问题：

1）传统建筑物所需信息的唯一实用媒介是图纸，然而建筑图有很多固有弱点。它们高度冗余，以多种不同的比例描述建筑的同一部分。场地图是二维的，建筑物是三维的，至少需要两张图来表征建筑物的任何部分的布置。

2）图纸所描述的信息不是最新的，甚至同系列图纸的信息缺乏一致性，使得决策设计人员经常基于过时的信息进行工作，从而设计工作被进一步复杂化。

3）由于建筑设计变更或者施工工艺变化导致建筑物图纸增加，随着建筑物的老化，有关该建筑的记录信息会丢失或损毁[1]。

Chuck Eastman 提出通过建筑描述系统（Building Description System，BDS）来解决上述问题。BDS 被称之为 BIM 的概念原型，是有记载的最早关于 BIM 技术概念的名词[2]。1975 年，Chuck Eastman 与卡内基梅隆大学高级建筑研究项目团队在美国国家科学基金会的支持下对 BDS 进行深入研究并发表文章 *The Use of Computers Instead of Drawings in Building Design*，更加详尽地阐述了 BDS。Chuck

⊖ Chuck Eastman 又名 Charles Eastman，在威斯康星大学（1966—1967）开始了他的教学生涯，然后在卡内基梅隆大学（1967—1982）和加州大学洛杉矶分校（1987—1995）任教，1996 年加入乔治亚理工学院，直到 2018 年退休。在乔治亚理工学院与卡内基梅隆大学官网介绍中，其名为 Charles Eastman（Chuck）、Charles “Chuck” Eastman。Eastman 关于 BDS、GLIDE 文章署名是 Charles Eastman，但在 *BIM Handbook* 中署名为 Chuck Eastman。

Eastman 提出的 BDS 正是后来 BIM 技术的雏形。他的目标是开发一个能够详细描述建筑物的计算机数据库，并为该数据库研发一套完美契合且功能强大的操作系统。这一愿景在随后的近五十年里逐渐得以实现。

1977 年，Chuck Eastman 和 Max Henrion 提出了交互式设计的图形语言，对 BDS 进行了完善，通过交互式设计的图形语言构建功能完整的信息模型并将这些模型相互关联[3]。

20 世纪 80 年代初，“产品信息模型（Product Information Model）”的概念由芬兰学者提出，而该模型又被美国学者称作“建筑产品模型”。1986 年，美国学者 Robert Aish 提出和 BIM 概念非常接近的“Building Modeling”的概念，该模型包含建筑的三维几何及其他多方面信息[4]。1989 年，建筑产品模型（Building Product Model，BPM）以产品库的形式定义工程的信息，这对建筑信息模型的发展是一次质的飞跃[5]。之后不久，荷兰学者 G. A. Van Nederveen 和 F. Tolman（1992 年）发表的论文中，均用到了“Building Information Modeling”的概念[6]。但由于当时受计算机软、硬件技术的制约，BIM 的思想未在业内得到推广，仅停留在学术研究的领域[2]。1995 年，通用建筑模型（General Building Model，GBM）的提出解决了建筑信息模型构建中的多个问题，例如，如何同时表示建筑物的实体构造及其空间形式，如何在操纵和分析建筑构造、空间形式的同时保持两组数据逻辑关系的一致性等[7]。

1999 年，Chuck Eastman 在其著作中将“建筑描述系统”发展为“建筑产品模型”，强调建筑产品也应像制造业的产品一样，为正式生产之前的产品规划设计时间，要有相当充足严谨的“产品模型”，并且像飞机、汽车般，先用原型机进行完整的设计测试，在仔细规划后才上生产线生产[2]。

2002 年，Jerry Laiserin 发表《比较苹果与橙子》，并将文章发给工程建设业内众多的软件商和专业组织，提议共同使用一个名词——BIM（Building Information Modeling）来表达软件间的数据交换和互用性，从此，BIM 这一名词开始在建筑行业得以广泛使用[2]，因此，Jerry Laiserin 被称为 BIM 教父[8]。

BIM 发展过程中的代表性人物见表 1-1。

表 1-1　BIM 发展过程中的代表性人物

阶段	学　者	贡　献
萌芽	Chuck Eastman	“BIM 之父”，提出 BIM 的概念原型
诞生	G. A. Van Nederveen 和 F. Tolman	论文中开始使用 BIM 的概念，助推 BIM 理论研究
推广	Jerry Laiserin	“BIM 教父”，助推 BIM 商业应用

此后，BIM 技术逐渐受到全球各大软件开发商的青睐，得到大力开发与推

广，BIM开始快速发展。美国Bentley公司基于全信息建筑模型推出了Bentley Architecture；匈牙利Graphisoft公司提出了虚拟建筑（Virtual Buildling）的概念并应用于ArchiCAD建筑设计软件中；美国建筑信息化公司Autodesk在总结归纳匈牙利Graphsoft公司提出的虚拟建筑Visual Building概念和美国Benetly公司提出的Signal Building Information概念基础上，2002年推出了Revit和Civil 3D软件；Nemetschek针对建筑设计环节开发Allplan软件。此后，BIM不再只是停留于学术范畴的概念模型，而是可用于工程实践的商业化工具[2]。

图1-1所示诠释了BIM从1974年到2002年的演变过程。

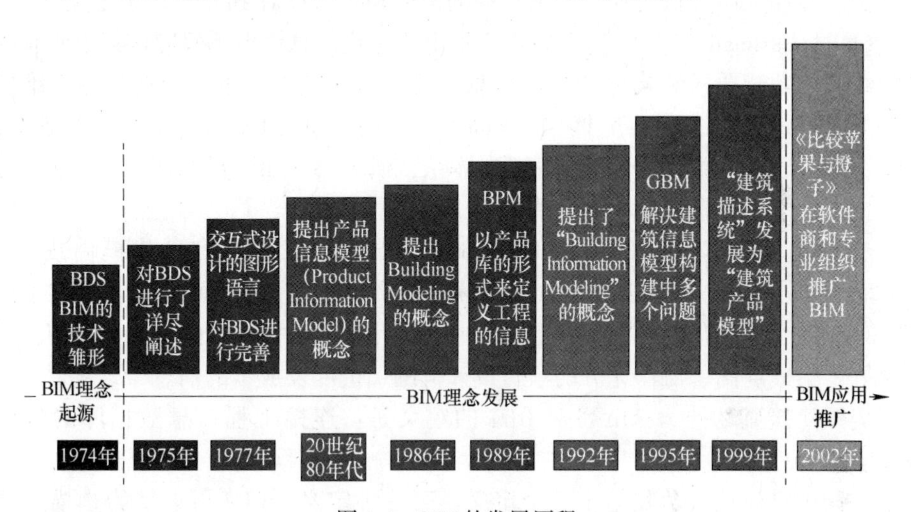

图1-1　BIM的发展历程

我国在2002年才通过Revit软件正式接触BIM技术。随后2004年Autodesk公司推出“长城计划”的合作项目，与清华大学、同济大学、华南理工大学、哈尔滨工业大学四所学校合作组建了BLM-BIM联合实验室，建筑业就此开始关注BIM[9]。相关领域先后举办“与可持续设计专家面对面”的BIM主题研讨会、“BIM建筑设计大赛”“勘察设计行业BIM技术高级培训班”等[10]。

国内BIM技术发展经历了从1998—2005年的“概念导入期”，2006—2010年的“理论研究与初步应用阶段”，再到2011年至今的“快速发展及深度应用阶段”[11]。

我国建设主管部门在“十五”科技攻关计划、“十一五”科技支撑计划、“十二五”信息化发展纲要中都强调了BIM技术的推广运用。国内相关部门、高校逐步开展了对BIM的研究，而西北工业大学电子工程系的西安虚拟现实工程技术研究中心最早开展BIM技术的试验性探索[12]。

BIM拉开了建筑信息化的第二次革命，标志着工程建设行业从CAD时代迈入了BIM时代。BIM技术强调三维、整体性、协同性，是CAD发展到一定阶段后的必然趋势，其以更先进的理念和模式，推动着建筑信息化领域的变革[11]。

1.2 BIM的概念及特点

1.2.1 BIM的概念

国内外相关研究机构和学者从不同的角度和切入点对BIM进行了定义。

Chuck Eastman在*BIM Handbook*中提出：建筑信息模型不仅应该集成所有的几何特性、功能要求和构件的性能信息，还应包括施工进度、建造过程、维护管理等过程信息。经过近五十年的不断发展，在Chuck Eastman的理论基础上，后人不断完善与更新关于BIM的理论体系，研究BIM的应用领域与影响，对BIM技术的概念逐渐从模糊走向清晰[13]。

全球最大的建筑软件提供商Autodesk公司在《建筑信息建模白皮书》（*Building Information Modeling White Paper*）中将BIM定义为：BIM是一种用于建筑设计、施工和管理的方法，运用这种方法可以及时并持久地获得质量高、可靠性好、集成度高、协作充分的项目设计范围、进度及成本的信息[2]。

美国建筑师协会（AIA）对BIM的定义是：连接工程信息数据库的建模技术[14]。

美国国家建筑科学院给了三个定义：第一种定义，BIM可以认为是描述建筑的结构化数据集（a structured dataset describing a building），此时BIM的英文全称为Building Information Model；第二种定义，BIM可以被理解为一种过程，即创建建筑信息模型的行为（the act of creating a Building Information Model），是建筑信息模型化的过程，此时BIM的英文全称为Building Information Modeling；第三种定义，BIM可以被理解为提高质量和效率的工作与沟通商业结构（business structures of work and communication that increase quality and efficiency），此时BIM的英文全称为Building Information Management。上述定义中Building Information Modeling作为BIM的定义被业界使用的最为广泛，是目前最为常用的BIM定义，即强调建筑物模型的活动，包括建模技术及流程[2]。

建筑智慧国际联盟（building SMART International，bSI）也定义了三个层次的BIM：第一个层次为创建模型——Building Information Model；第二个层次为应用模型——Building Information Modeling；第三个层次为管理模型——Building Information Management[15]。

美国国家建筑信息模型标准项目委员会（The National Building Information Model Standard Project Committee）编制的国家BIM标准（National Building Information Modeling Standards，NBIMS）对BIM的定义是“BIM是对设施的物理及功能特征的一种数字化表达”，是为设施从项目的概念阶段开始的全生命周期提供可靠决策支持的信息共享资源[2]。

美国building SMART联盟主席Dana K. Smith先生在其BIM专著中提出了对BIM的通俗解释：BIM是将数据（Data）、信息（Information）、知识（Knowledge）、智慧（Wisdom）放在一个链条上，把数据转化成信息，从而获得知识，让我们智慧地行动的机制[16]。

2007年，我国建筑工业行业标准《建筑对象数字化定义》（JG/T 198—2007）将BIM定义为：建筑信息完整协调的数据组织，便于计算机应用程序进行访问、修改或添加。这些信息包括按照开放工业标准表达的建筑设施的物理和功能特点以及相关的项目或生命周期信息[2]。

我国住房和城乡建设部2016年颁布的《建筑信息模型应用统一标准》（GB/T 51212—2016）将BIM做如下定义：在建设工程及设施全生命期内，对其物理和功能特性进行数字化表达，并依此设计、施工、运营的过程和结果的总称，简称模型。

综合上述学者和研究机构对BIM的定义，可以得到如下四种对BIM的理解：

1）BIM是一个建筑设施的计算机数字化、空间化、可视化模型。BIM与其他传统的三维建筑模型有着本质的区别，其兼具了物理特性和功能特性。其中，物理特性可以理解为在三维空间的几何特性，而功能特性则是指BIM具备了所有一切与该建筑设施有关的信息[2]。

2）BIM是一个存放工程数据的知识库。BIM使得工程的规划、设计、施工等各个阶段的工作人员都能从中获取连续、即时、可靠、一致的数据，且从项目诞生之日开始，就可作为建筑全生命周期信息共享的数据来源[5]。

3）BIM是一种模型的应用过程。项目设计、施工和运维管理的水平在BIM应用过程中得到提高，BIM在建筑的全生命周期中为项目各阶段创造价值，最终实现BIM价值最大化[2]。

4）BIM是一种信息化的技术，更是一种思维和工作模式，是对工程项目管理实现精细化、数据化、科学化、集成化管理的方法[17]。

1.2.2 BIM的特点

BIM的核心是形成一个关于该建筑的可视化数据集，具备可视化、参数化、协调性、可出图性、模拟性、优化性的特点。这些特点能够为建筑设计、管理、运营提供全新的思路和方法，极大提高工程相关人员的工作效率。

（1）可视化

BIM可视化并不仅仅是对建筑物模型进行艺术渲染，形成建筑实物的效果图，而是根据图纸、合同、市场信息的准确数据所得到的近似于建筑实物的信息模型。BIM 按照拟建工程的尺寸、材料、结构展示建模效果。

BIM 利用计算机技术在三维空间里为图纸中二维线条式的构件搭建立体的信息模型。不仅形象直观展现建筑的平面、立面、剖面形状结构，更能清晰表达建筑物各构件的相对空间位置关系[18]。此外还可以在 BIM 的基础上增加时间维度，实现 4D BIM，再继续增加成本维度，实现 5D BIM，如此可以期望未来工程项目中所有影响项目开展、效益的关键影响因子都被纳入 BIM，最终实现 N 维度的 BIM。

（2）参数化

BIM 的技术核心是以计算机三维模型所形成的数据库[19]。该数据库包含设计、实施、试运行及竣工验收甚至到使用周期终结的全过程信息[20]。所有信息都建立在一个三维模型数据库中，一个建筑信息模型就是一个单一的、完整一致的、具有逻辑性的建筑信息库。

而形成该信息库最重要的一步就是参数化建模。参数化建模是利用一定规则确定几何参数和约束，完成面向各类工程对象的模型搭建，模型中每一个构件中的每一个基本元素都是数字化对象[20]。参数化建模使得每一个构件都有其完整的构件信息，包括尺寸、材料等级、钢筋型号等，当模型构建完成，该建筑的信息库也就形成了，并且可以不断更新。

（3）协调性

在传统工程建造的过程中，建筑、结构、暖通、机械、电气、通信、消防等各专业在设计、施工的过程中较容易出现冲突。此外各个专业均涉及多种图纸、文件，因此存在信息沟通不畅、协调效率低下等问题。

BIM 为各参与方提供了直观、清晰、同步沟通的信息共享平台。工程项目所涉及的图表、图纸被输入 BIM 建筑模型中，各种信息在 BIM 中集成、分类、汇总形成数据库，使得各专业的数据被紧密联系在一起。在项目的不同阶段，不同利益相关方能够通过在 BIM 中更新和修改信息，来完成各自职责的协同作业。当某个对象（建筑构件）的信息发生变化，其他与之相关联对象的信息也可以自动更新，既保证了模型的一致性与完整性，又提高了协作效率与工作效率[21]。

（4）可出图性

建筑行业最早使用的是手绘图纸，单一建筑的多个平面往往需要多张图纸表述，对于单个复杂构件有时也需要用局部图、剖面图、断面图等来综合表述，造成了图纸集的累积和工作量的增加。此外，由于手绘图纸受人员、环境、工程规模等因素影响，图纸的精确性也无法得到保证。

BIM 的优势从而凸显出来。BIM 使得各个构件被参数化，每个构件都是依据行业规定和国家标准形成的信息聚合，建筑模型的标准性、数据的准确性因此能够得到保证。通过BIM配套的各种软件可以清晰地看见每一个细部构造的立体图形，也可以看见整体建筑模型的多角度二维图像[8]。

BIM数据库中的信息可以根据需要被导出。在与BIM相配套的软件系统中，用户被允许导出建筑物的不同角度二维图像信息（包括平面图、剖面图、立面图）、工程量清单以及其他电子文档[22]。

（5）模拟性

BIM可以实现3D模拟。以创建的3D模型为基础对建筑表面外观进行模拟，并且模拟建筑物的主体结构、各构件的搭接情况。

BIM可以实现建筑性能模拟。对建筑周边地坪的地理、环境、气温、气象等信息集成、分析，在模型中反映建筑构件的状态；对建筑设备的负荷、工作情况进行模拟，判断设备工作性能是否处于最优状态；模拟设备的能源耗费，判断能否达到建筑环保节能指标，进而实现优化设计方案[18]。

BIM可以实现施工模拟。以BIM为基点，结合施工方案、施工进度计划、施工工艺，对工程项目施工重难点进行预演，为施工人员进行了细致交底的同时，也模拟了工料机的耗费情况，最大限度规避工料机的损耗。

（6）优化性

在传统的2D图样设计模式中，由总工程师将结构、给水排水、土建、安装等各个专业设计图汇总，发现问题并协调解决问题。但该模式人为不确定因素较大。当总工程师未及时发现与解决问题时，各专业工程之间易发生冲突，设备管线之间存在发生碰撞的可能，从而导致工程返工，增加工程成本。

BIM的碰撞检测功能可以及时有效发现工程设计的矛盾点。依靠BIM特有的直观性和精确性，在设计建模阶段就可自动检测管线、构件之间的冲突和碰撞，不但可以减少建筑施工阶段由于设计失误造成的损失，还能彻底消除碰撞，优化设计[23]。

1.3　BIM的研究与应用现状

1.3.1　BIM的研究现状

1. 国外BIM的研究现状

以*Automation in Construction*（AIC），*Journal of Computing in Civil Engineering*（JCCE）等八大项目管理领域全球知名期刊作为文献来源，以BIM为关键词，

搜索2002年以来的BIM相关文献数量。发现2002年至2015年文献量逐年递增，2009年以前BIM相关的年文献总数不超过20篇，2010年后全球迎来对BIM研究的热潮，BIM相关的文献数量大幅增长，直到2015年，该类文献已达到120篇[24]，如图1-2所示。

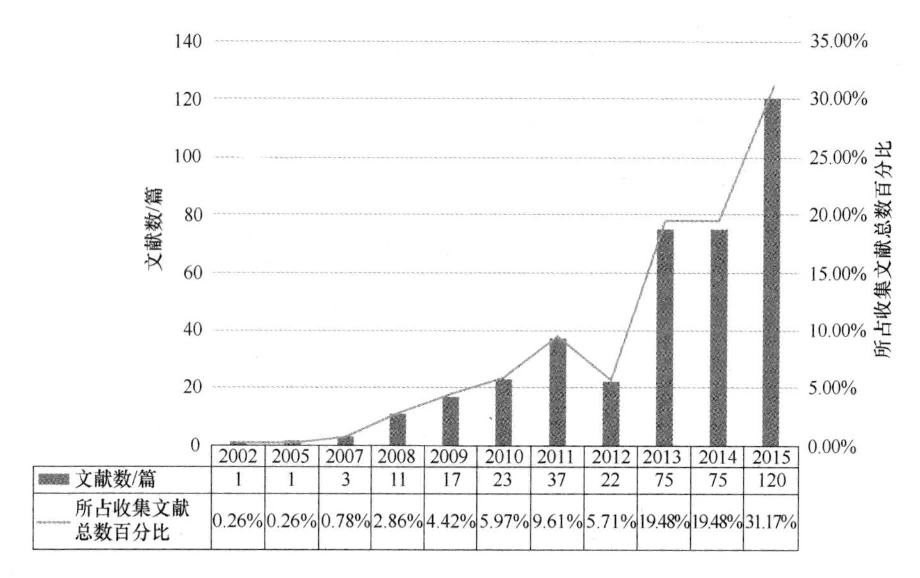

	2002	2005	2007	2008	2009	2010	2011	2012	2013	2014	2015
文献数/篇	1	1	3	11	17	23	37	22	75	75	120
所占收集文献总数百分比	0.26%	0.26%	0.78%	2.86%	4.42%	5.97%	9.61%	5.71%	19.48%	19.48%	31.17%

图1-2　各年份BIM文献数量[24]

（1）设计、施工阶段的研究

设计阶段的BIM研究主要包括七个方面：模型构建、设计管理及优化应用、生成施工图、规划布局、协同作业及协同设计应用、设计应用拓展以及可持续低能耗设计应用[24]。

施工阶段的BIM研究主要包括BIM的4D虚拟建造、BIM的多技术集成运用等[25]。

目前，BIM的研究大多集中在设计和施工阶段。

（2）运维阶段的研究

对比2008年至2014年间在Engineering Village数据库（EV）、CNKI、Web of Science数据库（WoS）中关于BIM的文献数量发现，运维期关于BIM的文献数量处于上升态势。进一步检索WoS的文献库发现，WoS运维期的BIM文献年增长量远远低于非运维期的BIM文献年增长量（图1-3），表明全球在运维阶段BIM的研究尚未成熟。

1）运维阶段应用BIM的意义。美国国家标准与技术协会表示，在运维阶段，大量的人力、物力、财力被浪费在重复且低效的日常工作中，如手动更新建筑设备状态、人工计算材料及设备的数量等工作，且这种低效的运维管理在其他国家也广泛存在[27]。一些国外学者通过多种方式调查了BIM为运维管理带来的影响。Jenni Korpela等学者通过问卷调查分析BIM在运维管理中的挑战与潜能，研究表明基于BIM技术的设施管理及维护系统将成为未来的前进方向[28]；Burcin Becerik-Gerber和Farrokh Jazizadeh通过问卷调查与个人访谈分析BIM在运维管理中的应用现状，结果表明BIM能极大地提高运维阶段的管理效率[29]；Rui Liu等学者通过文献综述和问卷调查，确认了BIM正在逐渐被建筑行业采用，BIM将会协助释放建筑运维管理潜力[30]。

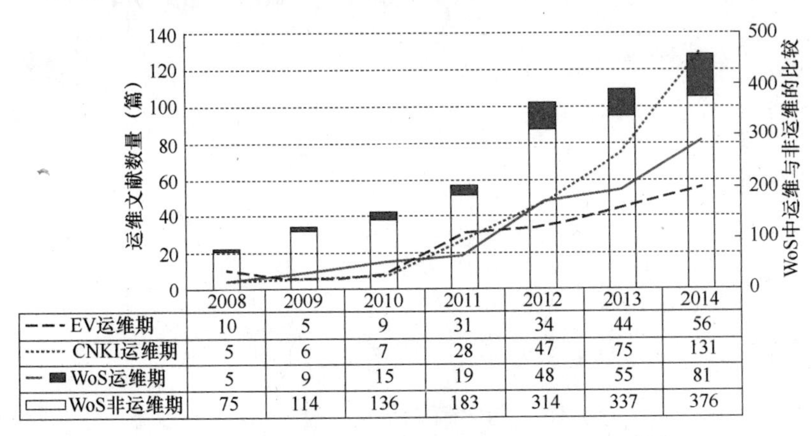

	2008	2009	2010	2011	2012	2013	2014
EV运维期	10	5	9	31	34	44	56
CNKI运维期	5	6	7	28	47	75	131
WoS运维期	5	9	15	19	48	55	81
WoS非运维期	75	114	136	183	314	337	376

图1-3 运维与非运维期BIM技术研究文献数量[26]

2）运维的多角度管理方面。在设备管理方面，Brittany Giel和Raja R. A. Issa认为业主不能适应利用BIM进行管理，是设备管理效率低下的原因之一，为了帮助业主进行评估以及扩展技术知识，提出基于德尔福技术的理论框架[31]；在能耗管理方面，A. Costa等人考虑了利用BIM技术解决建筑能源管理这一复杂问题，并提出了新型的综合工具包[32]；在公共安全管理方面，U. Rüppel和K. Schatz为保证建筑消防安全，构建了基于BIM的模拟疏散演习场景，以观察在火灾情况下建筑对个人逃生行为的影响，从而提出新的消防应急逃生路线方案[33]。

3）运维管理流程方面。管理流程不规范、信息沟通不畅、资源整合效率低下等问题日渐突出，亟须实现BIM运用升级。因此国外学者也积极研究了基于BIM的协同平台。M. Nour在IFC标准基础上开发BIM技术管理动态数据库，为设计单位和材料供应商提供了信息沟通平台[34]；Halfawy和Mahmoud开发了兼备图形编辑、数据统计、造价预算、项目管理等功能的建筑集成平台[35]；Li Clyde等学者研究了基于射频识别设备的BIM平台，该平台集成工程各方的信息及数据，运用先进的施工技术以预制的程序解决房屋建筑工期拖延的问题[36]。

现代建筑正常运营需要众多系统的保障，变配电系统、监控系统、消防安全系统、管网检修维护系统、数据传输分享系统等能否正常协调运行，直接关乎人们的生产和生活。基于 BIM 技术的运维管理平台必然是今后的应用方向[37]。

2. 国内 BIM 的研究现状

近年来，国内学者对 BIM 进行了大量的研究，探讨 BIM 理论的边界与应用的可能性。通过在中国知网（China National Knowledge Infrastructure，CNKI）搜索关键词“BIM”，截至 2022 年 7 月 5 日发现文献总数 37520 篇，其中 2019 年发表文献量最多，达到 6362 篇。国内 BIM 研究文献统计如图 1-4 所示。

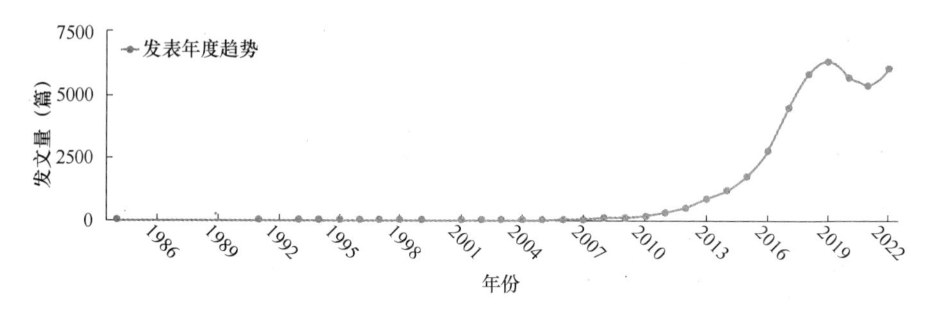

图 1-4　国内 BIM 研究文献统计

自 2011 年开始，关于 BIM 的文献量呈现逐年稳步增长趋势，这与同一年国家发布的关于 BIM 的鼓励性政策有密不可分的关系。2011 年 5 月住建部颁布了《2011—2015 年建筑业信息化发展纲要》，其中多次提到 BIM，并明确了在“十二五”期间的总体目标之一就是要基本实现建筑企业信息系统的普及性应用技术，加快建筑信息模型（BIM）等新技术在建筑工程的应用。

在 BIM 研究平稳发展 4 年后，2015 年 8 月，住建部发布《工业化建筑评价标准》；2016 年 12 月批准了《建筑信息模型应用统一标准》（GB/T 51212—2016）。《建筑信息模型应用统一标准》（GB/T 51212—2016）成为我国第一部建筑信息模型应用的工程建设标准，它提出了建筑信息模型应用的基本要求，是建筑信息模型应用的基础标准，并作为我国建筑信息模型相关标准的研究和编制依据。

标准的制定、国家的重视、建筑行业的繁荣、新技术的兴起等多种因素引发了学术界对 BIM 研究前所未有的热情。2015—2018 年关于 BIM 的文献年增长量超过 1 千篇，并于 2019 年平稳增长到峰值 6362 篇。虽然 2020—2022 年有关 BIM 的文献数量有所下降，但 CNKI 预测，2022 年 BIM 的文献量将大幅上升，接近 2019 年的峰值，达到 6055 篇，国内对于 BIM 仍然充满信心与兴趣。

BIM 在中国的研究经历了概念导入、理论研究与初步应用、快速发展与深度应用三个阶段。在 1998—2005 年间，BIM 逐渐被建设单位、施工单位、政府部门所知悉，此期间主要进行 BIM 标准的研究；在 2006—2010 年间，我国逐步开始对 BIM 进行初步应用，开始在奥运场馆、上海世博会等示范工程进行试点应用；自 2011 年以来，我国社会各界掀起研究 BIM 的浪潮，国家出台政策强力推进 BIM 技术的发展，各级地方政府协同发力，BIM 研究开始成为中国建筑业信息化发展的主线[38]。

（1）设计、施工阶段的研究

设计阶段，国内学者对 BIM 技术进行了充分的研究，研究内容主要涉及建筑物三维建模、多专业协同设计等[39]。梁群、曲伟认为利用 BIM 技术建立参数化模型，可以整合项目各种相关性信息，有利于设计人员进行设计优化，为建设团队提供项目全寿命周期协同管理工作奠定基础[40]。

施工阶段，国内学者对 BIM 的研究主要涉及成本管理、质量管理、安全管理[41]。

（2）运维阶段的研究

2014 年后国内 BIM 的研究文献数量总体呈大幅上升态势，而 BIM 在运维期的文献数量依然占比较小。在知网中以“BIM”为关键词检索出的文献数量由 2014 年的 1199 篇上涨至 2021 年的 5384 篇（见图 1-4）。再以“基于 BIM 的运维管理”为主题词在知网中进行检索，发现该类文献数量由 2014 年 23 篇增加至 2021 年的 175 篇，2021 年此类文献数量仅占同期 BIM 文献数量的 3.25%。虽然目前对 BIM 的研究较多，但主要涉及设计与施工两个阶段，在运维阶段的 BIM 研究尚处于探索阶段[42]。

面对住宅面积小、使用寿命短等问题，高镝认为长效住宅为未来发展趋势，BIM 技术的开放性、共享性、可出图性，为长效住宅的运维管理提供了支撑[43]。

1）在空间管理方面。王晓玲、邱茂盛以厦门城市职业学院城市建设与管理系宿舍为研究对象，探索利用 BIM 技术打破运维管理的消息壁垒，实现信息共享、提高宿舍管理效率[44]。李正坤、张德海等人研究了如何利用 BIM 技术实现校园空间分配、设施的高效利用，为校园的运维管理提供借鉴[45]。针对博物馆文物展示方式单一、资产管理效率低等问题，苗泽惠、宋晨旭等人提出利用 BIM 技术克服传统运维管理的弊病，提高博物馆运维管理效率[46]。

2）能耗管理方面。史培沛通过对重庆地区的高校食堂实地调研和问卷调查，总结了重庆地区高校食堂的建筑节能问题，并提出食堂节能设计策略[47]。

3）设施管理方面。徐瑞楠基于对校园所有基础设施的运维管理研究，认为食堂属于校园基础设施的一部分，发现以 BIM 为核心进行校园基础设施运维管理的关键因素主要包括教学空间规划管理、视频安防系统、办公空间规划管理、消防安全管理、教室设备维护、生活空间规划管理六大方面[48]。

4）BIM 运维管理系统方面。田金瑾基于 BIM 运维管理系统的六大核心功能，设计和开发大型商业建筑的运维管理模式[49]。陈梓豪、白宝军等人针对华润深圳湾国际商业中心项目进行具体研究，以 BIM 为载体，结合云计算和大数据，搭建了商业建筑的运维管理平台，从而实现智慧维保与智慧运行[50]。医疗卫生建筑的运维管理除了水、电、气等常规设备以外还要考虑医用设施的特殊性，张玉彬、赵奕华等人构建了 BIM 竣工模型的运维管理和医疗服务集成的实施框架，提升医院的服务品质[51]。

3. 国内外研究综合评述

BIM 的研究文献数量总体呈上升态势，而 BIM 在运维期的文献数量依然占比较小。目前的研究主要涉及设计与施工两个阶段，在运维阶段的 BIM 研究尚处于探索阶段[42]。

基于 BIM 的运维管理的研究是多角度的。BIM 技术本身可视化和信息化的特性与公共建筑运维的复杂化、烦琐化特性具有良好的匹配度，在运维管理中引入 BIM 技术，不仅能满足建筑物使用人员对建筑物的基本需求，提高了应用效率，降低了使用成本，还能将规划、设计、施工、运维过程中的信息汇总并共享，提升信息的利用率，产生的效益能使公共建筑运维提升到一个新的高度，创造出新的价值。系统研究 BIM 技术在运维阶段的应用具有广阔前景。

1.3.2 BIM 的应用现状

1. 国外 BIM 应用现状

2002 年美国 Autodesk 公司推出了 Revit 和 Civil 3D 软件，拉开了 BIM 快速发展的序幕。2003 年，美国 GSA 推出了 *3D-4D BIM Technology Program*，在建设工程中开展 BIM 技术的试点应用，探索 BIM 在建筑全生命周期阶段的应用模式及规则[52]。2007 年，为使得 BIM 技术发展规范化，GSA 发表了 BIM 技术应用指南。美国陆军工程兵团（United States Army Corps of Engineers，USACE），这一世界最大的公共工程、设计和建筑管理机构于 2006 年 10 月发布 BIM 未来 15 年发展整体规划，极大地促进了 BIM 的发展[53]。在政府的鼓励性政策支持下，BIM 技术在美国得到广泛应用。根据 McGraw-Hill Construction 调查结果显示，2007 年美国仅有 28%的工程运用 BIM 技术，2009 年该比例上升至 49%，至 2012 年已有高达 71%的建设工程项目运用了 BIM 技术[54]。到 2013 年，美国建筑业 300 强企业中近 250 家企业在建筑工程的不同阶段运用 BIM 技术[55]。

随着 BIM 技术在美国的广泛应用并获得大量的成功实践案例，BIM 陆续受到其他国家的重视。BIM 从美国很快推广至英国、日本、新加坡、韩国等发达国家。从整体来看，国外 BIM 应用政策路线的制定以及实施推动主要有政府部门推动、行业组织（协会）推动以及企业自发推动三种模式，但政府部门推动、企业自发推动是当前 BIM 应用的主要模式[2]。

英国于 21 世纪初提出加快推进建设工程信息化，自 2010 年起加快 BIM 研究[56]，2011 年 5 月英国发布了 *Government Construction Strategy 2011*，在 BIM 应用目标中，政府与行业社团协同发力，推动建设工程实现全面信息化管理，力图于 2016 年实现全面协同应用 BIM 的目标[57]。

日本是亚洲最早进入 BIM 实践的国家[58]。2009 年，日本发售 BIM 的相关书籍，并促进建筑行业对 BIM 的运用，该年被称为“日本 BIM 元年”，2010 年日本国土交通省宣布政府建设工程项目将全面推行 BIM 的运用[59]。日本制定了建筑信息化标准 *Continuous Acquisition and Lifecycle Support/Electronic Commerce*（CALS/EC)，后来又发布了 BIM 应用指南 *Revit User Group Japan Modeling Guildine*[11]。

2011 年，新加坡建筑管理署（Building and Construction Authority，BCA）颁布新加坡 BIM 应用技术的发展路径规划 *BCA's Building Information Modelling Roadmap*，文件中明确了推动整个建设领域在 2015 年前推广使用 BIM 应用技术[60]。

2010 年，韩国公共采购服务中心（Public Procurement Service，PPS）发布了 BIM 发展规划路线[53]。

在应用领域方面，2014 年 McGraw-Hill SmartMarket Report 的调研表明，国外承包商参与 BIM 技术应用项目中，房屋建设类项目较多，且主要集中于商业项目，参与的非房屋建设 BIM 技术应用项目主要集中在基础设施类项目和工业项目，矿物资源开采项目和能源项目较少应用 BIM 技术[2]。

Pike Research 机构的研究表明，项目阶段的不同，BIM 应用的侧重点也不同。BIM 技术的应用领域从高到低依次为：可视化（63.8%）、碰撞检测（60.7%）、建筑设计（60.4%）、建造模型（42.1%）、建筑装配（40.6%）、施工顺序（36.2%）、策划和体块研究（31.9%）、造价估算（27.9%）、可行性分析（24.1%），以及环境分析、设施管理、LEED 认证等[2]。

由于不同的 BIM 应用层次对组织的要求也不同，因此美国国家 BIM 标准提供了一套量化评价体系，即 BIM 能力成熟度模型（BIM Capability Maturity Model，BIM CMM)，该标准将 BIM 应用能力从最不成熟的 1 级到最成熟的 10 级共划分为 10 个等级，评价维度包括数据丰富程度、生命周期视角、变更管理、角色专业、业务流程、及时响应程度、提交方法、图形信息、空间能力、信息准确度和互用/IFC 支撑等 11 个方面，采用百分制计分，通过确定每个维度的权重即可计算评估对象的成熟度得分。根据标准，50 分为通过，70 分为银牌，80 分为金牌，90 分为白金[2]。

英国将 BIM 应用成熟度分为 0~3 级，0 级为最低，3 级为最高。*Government Construction Strategy 2011* 表明英国中央政府投资项目在 2016 年强制实现 BIM 成熟度 2 级水平；未来将多维度开展对数据标准的研究，并基于“数字英国

(digital Bratain)”战略对未来的 BIM 成熟度 3 级水平进行规划[61]。

总体来说，国外对 BIM 的应用开展了多方位的探索，对 BIM 应用的模式、标准、规范进行一定的实践，并取得了优异的实践成果，形成了一批行业标杆项目，不但为我国 BIM 技术的发展提供了借鉴，而且也极大地激励了我国广泛开展 BIM 技术的应用[2]。

2. 国内 BIM 应用现状

信息化是推动经济社会变革的重要力量，全力推进信息技术的发展，符合我国现代化建设全局的战略。信息化是贯彻落实科学发展观、全面建设小康社会、构建社会主义和谐社会和建设创新型国家的迫切需要和必然选择。

早在 2006 年，中共中央办公厅、国务院办公厅发布了《2006—2020 年国家信息化发展战略》（中办发〔2006〕11 号），2016 年又发布了《国家信息化发展战略纲要》，要求将信息化贯穿我国现代化进程始终，加快释放信息化发展的巨大潜能，以信息化驱动现代化，加快建设网络强国。《国家信息化发展战略纲要》是规范和指导未来 10 年国家信息化发展的纲领性文件。

建筑业积极推进信息化建设，2003 年原建设部颁发《2003—2008 年全国建筑业信息化发展规划纲要》，提出逐年引进、开发、推广用于工程设计方面的软件，提高工程设计技术水平；广泛利用数据库技术、模型设计技术，逐步扩充三维协同设计集成系统，深化详细设计阶段的集成化应用，实现建筑工程全寿命周期信息共享[62]。

建筑业着力增强 BIM、智能化、移动通信、大数据等信息技术集成应用能力，而 BIM 是建筑信息化的基础。2003 年，BIM 技术被正式引进我国，起初 BIM 技术主要由设计单位开展实践应用，此后 BIM 技术逐渐得到推广，在长三角、珠三角地区得到了广泛使用。自从 2011 年住建部发布《2011—2015 年建筑业信息化发展纲要》《建筑业发展“十二五”规划》明确提出要推进 BIM 技术的应用后，BIM 在我国的工程建设领域快速崛起，BIM 被称为是建筑业继 CAD 技术之后的重要信息技术变革[11]。

随着 BIM 技术的理念和技术深入发展，BIM 技术为建筑业信息化技术升级的基点成为政府和企业的共识。国务院办公厅、住房和城乡建设部等于 2011 年后相继出台相关规划和政策文件，见表 1-2。

表 1-2　BIM 相关政策汇总

发布时间	政策文件	政策要点
2011 年 5 月	《关于印发〈2011—2015 年建筑业信息化发展纲要〉的通知》（建质〔2011〕67 号）	“十二五”期间，加快 BIM 技术开发与研究，鼓励各建筑工程积极应用 BIM 技术，促进具有自主知识产权的软件产业化发展

（续）

发布时间	政策文件	政策要点
2011年9月	《关于印发建筑业发展“十二五”规划的通知》（建市〔2011〕90号）	明确提出建筑业要推进BIM技术的应用
2012年1月	《关于印发2012年工程建设标准规范制订修订计划的通知》（建标〔2012〕5号）	《建筑信息模型应用统一标准》《建筑信息模型分类和编码标准》《建筑信息模型设计交付标准》《制造工业工程设计信息模型应用标准》《建筑信息模型存储标准》5项BIM技术应用相关标准的制定工作宣告正式启动
2014年7月	《关于推进建筑业发展和改革的若干意见》（建市〔2014〕92号）	加快推动BIM技术在内的信息技术在建筑全寿命周期的应用，探索开展白图代替蓝图等工作
2015年6月	《关于推进建筑信息模型应用的指导意见》（建质函〔2015〕159号）	明确BIM技术在建筑领域应用的指导思想与基本原则、发展目标、工作重点及保障措施。强调BIM技术在建筑领域应用的重要意义，指出BIM技术的应用重在提高工程项目全生命期内的经济、社会和环境效益
2015年10月	住房和城乡建设部工程质量安全监管司举办推动工程技术进步工作研讨会	交流推进信息成果的交付使用、监督管理工作信息化、数字化审图等方面经验，加速推进BIM技术应用数字化审图
2016年8月	《2016—2020年建筑业信息化发展纲要》（建质函〔2016〕183号）	将BIM应用视为重要发展目标，并列为企业信息化、行业监管和服务信息化以及信息化标准建设中的重要任务
2016年12月	《住房城乡建设部关于发布国家标准〈建筑信息模型应用统一标准〉的公告》（中华人民共和国住房和城乡建设部公告第1380号）	批准《建筑信息模型应用统一标准》为国家标准，编号为GB/T 51212—2016，自2017年7月1日起实施。该标准充分考虑了我国国情、建筑业的发展需要、BIM技术发展特点创新性地提出了实践方法（P-BIM），极大地促进了建筑信息模型的发展和应用
2017年2月	《关于促进建筑业持续健康发展的意见》（国办发〔2017〕19号）	全力推进BIM技术在建筑全过程的集成应用，努力实现建设工程项目全生命周期信息共享，提高建设工程项目的信息化管理效率，促进建筑业提质增效
2017年10月	《住房城乡建设部关于做好〈建筑业10项新技术（2017版）〉推广应用的通知》（建质函〔2017〕268号）	编制了《建筑业10项新技术（2017版）》，极大地释放建筑业创新潜能，加快建筑业转型升级的历史进程
	《住房城乡建设部关于发布国家标准〈建筑信息模型分类和编码标准〉的公告》（中华人民共和国住房和城乡建设部公告第1715号）	批准《建筑信息模型分类和编码标准》为国家标准，编号为GB/T 51269—2017，自2018年5月1日起实施。为建筑信息模型的统一、规范管理奠定基础，为提高BIM技术的应用效益、提升企业信息技术应用水平添砖加瓦

（续）

发布时间	政策文件	政策要点
2018年5月	《住房城乡建设部办公厅关于印发城市轨道交通工程BIM应用指南的通知》（建办质函〔2018〕274号）	推动城市轨道交通工程BIM应用，提升城市轨道交通工程质量安全管理水平
2018年12月	《住房和城乡建设部关于发布国家标准〈建筑信息模型设计交付标准〉的公告》（中华人民共和国住房和城乡建设部公告2018年第345号）	批准《建筑信息模型设计交付标准》为国家标准，编号为GB/T 51301—2018，自2019年6月1日起实施。规范建筑信息模型的表达，从框架上指导建筑信息模型的建立和交付过程中对设计信息的表述行为
2019年3月	《住房和城乡建设部关于发布行业标准〈工程建设项目业务协同平台技术标准〉的公告》（中华人民共和国住房和城乡建设部公告2019年第56号）	批准《工程建设项目业务协同平台技术标准》为行业标准，编号CJJ/T 296—2019，自2019年9月1日起实施。规范“多规合一”业务协同平台建设，统筹开展建设工程项目的策划、管理、制度改革等多方面工作，提升政府服务水平，实现“多规合一”的“数据共享、空间共管、业务共商”
2019年5月	《住房和城乡建设部关于发布国家标准〈制造工业工程设计信息模型应用标准〉的公告》（中华人民共和国住房和城乡建设部公告2019年第127号）	批准《制造工业工程设计信息模型应用标准》为国家标准，编号为GB/T 51362—2019，自2019年10月1日起实施。结合制造工业工程特点，从模型分类、工程设计特征信息、模型设计深度、模型交付和数据安全等方面对制造工业工程设计信息模型应用的技术要求做了统一规定，对提升数字化工厂建设水平和实现工厂设施全生命周期管理具有重要作用
2020年9月	《住房和城乡建设部办公厅关于印发〈城市信息模型（CIM）基础平台技术导则〉的通知》（建办科〔2020〕45号）	贯彻落实建设网络强国、数字中国、智慧社会的战略部署，指导各地开展城市信息模型（CIM）基础平台建设，推进智慧城市建设
2021年6月	《住房和城乡建设部办公厅关于印发〈城市信息模型（CIM）基础平台技术导则〉（修订版）的通知》（建办科〔2021〕21号）	在总结各地CIM基础平台建设经验的基础上，对《城市信息模型（CIM）基础平台技术导则》进行了修订，进一步指导地方做好城市信息模型（CIM）基础平台建设
2021年9月	《住房和城乡建设部关于发布国家标准〈建筑信息模型存储标准〉的公告》（中华人民共和国住房和城乡建设部公告2021年第160号）	批准《建筑信息模型存储标准》为国家标准，编号为GB/T 51447—2021，自2022年2月1日起实施。对建筑信息模型技术的应用、BIM平台软件的开发和应用具有指导意义，为建筑信息模型数据的存储和交换提供依据，为BIM应用软件输入输出数据通用格式及一致性验证提供依据

为促进行业BIM的发展，在国家大力推动提高建筑业信息化水平的指导下，

全国各地不断发布相关政策规定、行动计划或工作指南推进BIM应用，见表1-3。

表1-3 全国各地BIM相关政策汇总

发布时间	政策文件	政策要点
2020年3月	《黑龙江省住房和城乡建设厅关于发布〈黑龙江省建筑工程建筑信息模型（BIM）施工应用建模技术导则〉的公告》	贯彻执行国家和黑龙江省技术经济政策，统一建筑工程建筑信息模型（BIM）施工应用信息模型的基本要求，推进实施工程建设信息化，推动BIM技术在黑龙江省建筑工程领域的施工应用
2020年3月	《关于发布〈湖南省BIM审查系统技术标准〉等3项湖南省工程建设地方标准的通知》（湘建科〔2020〕41号）	批准了《湖南省BIM审查系统技术标准》《湖南省BIM审查系统模型交付标准》《湖南省BIM审查系统数字化交付数据标准》为湖南省工程建设推荐性地方标准
2020年4月	《深圳市装配式混凝土建筑信息模型技术应用标准正式实施》	推进标准的实施，加快建筑信息模型（BIM）技术在装配式建筑项目建设全过程的应用进程，并提高装配式建筑项目信息应用效率和效益
2020年5月	《重庆市住房和城乡建设委员会关于开展2020年度建筑信息模型（BIM）技术应用示范工作的通知》（渝建勘设〔2020〕11号）	为加快推进重庆市建筑信息模型（BIM）技术应用，于重庆市范围内，在勘察、设计、施工、运维等阶段应用建筑信息模型（BIM）技术的房屋建筑和市政基础设施工程项目中，组织开展2020年度建筑信息模型（BIM）技术应用示范工作
2020年5月	《关于印发〈吉林省建设工程造价咨询服务收费标准〉（试行）的通知》（吉建协〔2020〕38号）	依据国家和吉林省建设工程造价管理相关规定，制定了《吉林省建设工程造价咨询服务收费标准》（试行），从而促进建设工程造价咨询行业健康、有续发展，满足工程总承包、全过程造价咨询、BIM咨询等新业态的需求，保证建设工程造价咨询成果的质量
2020年6月	《山西省住房和城乡建设厅关于进一步推进建筑信息模型（BIM）技术应用的通知》（晋建科字〔2020〕91号）	明确了建设单位主导、各参建方在项目全过程协同应用BIM技术的组织实施模式；进一步细化了工程建设项目在策划、设计、施工、竣工验收、运营等阶段BIM应用的程序和要求；提出了完善标准体系、推进BIM电子化审查、搭建BIM数据平台等八个措施加强管理与扶持力度
2020年6月	《深圳市住房和建设局关于征求〈深圳市城市轨道交通工程信息模型分类和编码标准（征求意见稿）〉和〈深圳市城市轨道交通工程信息模型制图及交付标准（征求意见稿）〉意见的通知》	帮助提升建筑信息模型技术发展和应用水平，促进深圳城市轨道交通工程建设提质增效，助推智慧城市建设

（续）

发布时间	政策文件	政策要点
2020年7月	《关于修改〈海南省房屋建筑和市政工程工程量清单招标投标评标办法〉的通知》（琼建规〔2020〕10号）	规范海南省房屋建筑和市政工程工程量清单招标投标活动，促进建筑市场诚信体系建设，构建“守信激励、失信惩戒”的市场竞争机制，保证评标工作质量，维护当事人合法权益
2020年7月	《湖南省住房和城乡建设厅关于开展全省房屋建筑工程施工图BIM审查试点工作的通知》（湘建设〔2020〕111号）	为全面普及BIM技术应用，切实提高工程设计质量，推动住房城乡建设领域转型升级，开发了建设工程施工图BIM审查系统，将对全省新建房屋建筑工程（不含装饰装修）施工图自2020年8月1日起实施BIM审查
2020年11月	《四川省工程建设地方标准〈四川省工程建设项目建筑信息模型（BIM）应用评价标准〉立项公示》	拟立项《四川省工程建设项目建筑信息模型（BIM）应用评价标准》，以勘察设计、工程施工、运营维护、装配式建筑、全过程咨询BIM应用评价为主要技术，对四川新建、改建、扩建的建筑工程的建筑信息模型（BIM）开展应用评价
2020年12月	《北京市住房和城乡建设委员会关于公布2020年北京市建筑信息模型（BIM）应用示范工程的通知》	经专家评审后，共确定37个项目为2020年北京市建筑信息模型（BIM）应用示范工程立项项目，为北京市的BIM应用起到带头模范作用
2021年3月	《关于对山东省工程建设标准〈山东省民用建筑信息模型（BIM）设计标准〉征求意见的函》	有利于落实山东省勘察设计行业发展规划，推进建筑信息模型（BIM）的应用，提升行业信息化水平，加快转变建筑业生产方式，促进民用建筑工程综合效益的提升

在国家和地方政策的大力扶持下，国内逐步迎来了BIM的应用浪潮。

自2011年5月发布《关于印发〈2011—2015年建筑业信息化发展纲要〉的通知》（建质〔2011〕67号）以来，BIM应用规模不断扩大。2012年BIM的应用规模仅6.17亿元，在政策号召、技术进步、产业升级的要求等多种因素的协同作用下，BIM应用规模每年平稳递增，2017年为32.53亿元，达到2012年的5倍。2017—2019年期间，BIM应用规模以年增长10亿元的速度递增，截至2019年，已高达57.81元。图1-5所示为2012—2019年我国BIM应用规模变化情况。

在采用BIM技术的建设项目规模方面。根据《中国建筑业BIM应用分析报告（2020）》，BIM应用多数集中在大型、中型建设项目中。根据数据显示，70.79%的大型建设项目和61.99%的中型建设项目都会应用BIM技术，而应用BIM技术的小型建设项目占比只有42.66%，为大型建设项目BIM应用率的一半多一点。大、中、小型建设项目BIM应用情况如图1-6所示。

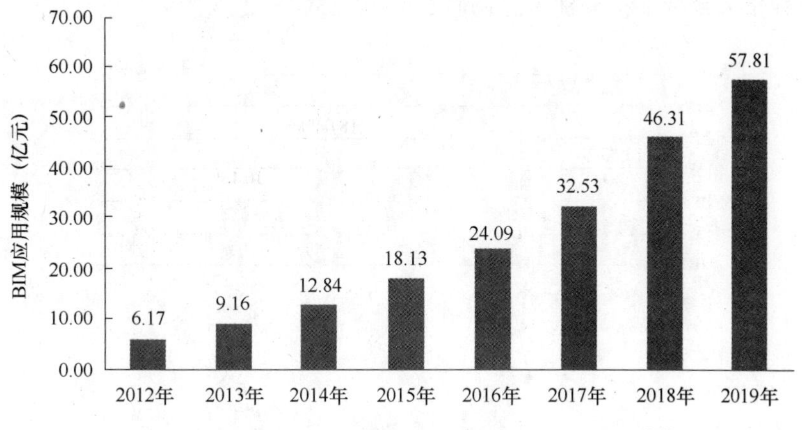

图 1-5 2012—2019 年我国 BIM 应用规模变化情况[63]

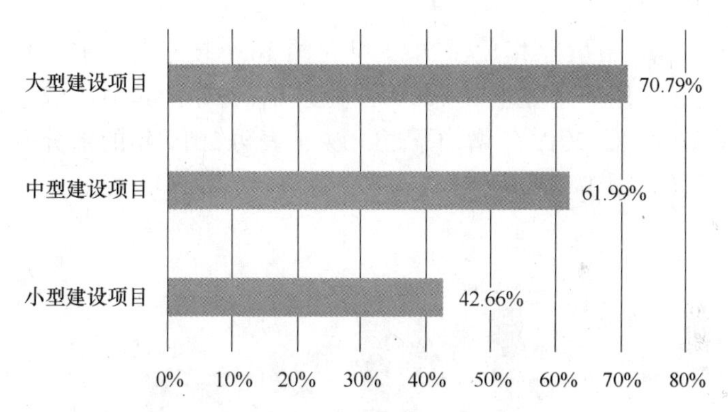

图 1-6 2020 年大、中、小型建设项目 BIM 应用情况[64]

从 BIM 技术的资金投入来看。除去“我不清楚，无从判断”的比例，不同企业对 BIM 技术的资金投入相对均衡。其中每年为 BIM 技术投入 100 万~500 万的企业较多，占比 18.04%，而在 2020 年为 BIM 技术投入超 500 万以上的企业不多，占比仅为 10.18%，如图 1-7 所示。虽然 BIM 的应用价值愈发得到行业的认可，但企业对 BIM 的投入仍有所保留。

综上所述，BIM 应用规模逐年递增，且增速也越来越快；更多的企业倾向于在大型建设项目中应用 BIM 技术；在资金投入方面，企业投入的力度相对均衡，现阶段大多数企业倾向于每年为 BIM 技术投入 500 万元以内的资金。

根据《中国建筑业 BIM 应用分析报告（2020）》的统计数据显示，越来越多的企业开始坚持使用 BIM 技术。2019 年中应用 BIM 技术 3~5 年的企业数量最多，占比 31.57%，而应用 3 年以上的企业数量占总调研数的 50.12%，超过总数的一半。2019 年也有许多 BIM 技术的新用户，应用不到 1 年与已应用 1~2 年的企业数量大致持平，分别占总调研数的 19. 35%与 22%。

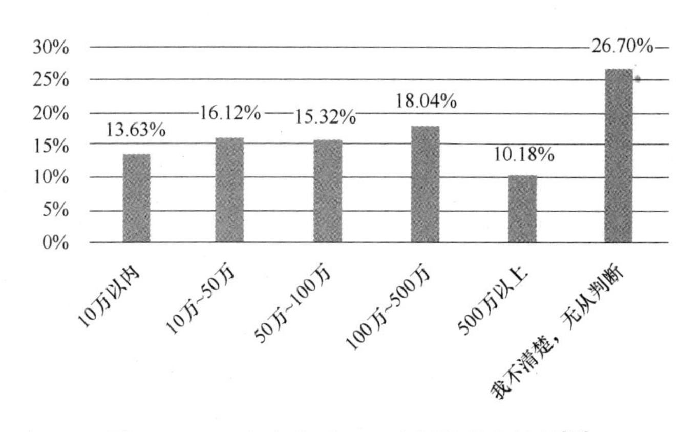

图 1-7　2020 年企业对 BIM 应用的投入情况[64]

与 2019 年的应用情况相比，2020 年我国 BIM 技术应用情况有较大提升。2020 年应用超过 3 年的企业增加 7. 7%，高达 57. 82%，其中已应用 5 年以上的企业占比 28. 07%，比 2019 年增加了近 10%，表明 2019 年的部分企业仍在坚持使用 BIM 技术，如图 1-8 所示。

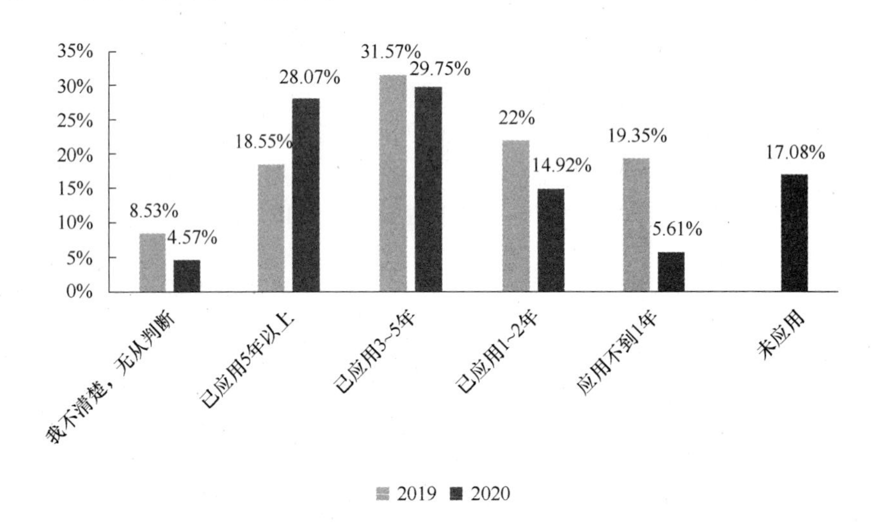

图 1-8　2020 与 2019 年 BIM 技术应用年限对比[64]

随着 2020 年 5 月《关于发布〈工程项目建筑信息模型（BIM）应用成熟度评价导则〉、〈企业建筑信息模型（BIM）实施能力成熟度评价导则〉的通知》（建智标/函〔2020〕22 号）的正式发布，我国也有了统一的 BIM 应用成熟度评价标准。

1.4 BIM对建筑行业的意义

自1946年美国人John Mauchly和J. Presper Eckert在美国宾夕法尼亚大学发明世界第一台电子数字积分计算机（Electronic Numerical Integrator And Computer，ENIAC）以来，信息技术日新月异，各个行业逐步开启数字化转型的进程，积极创新行业所需的信息技术和方法。1959年12月在麻省理工学院（Massachusetts Institute of Technology，MIT）召开的一次计划会议上，提出了计算机辅助设计（Computer Aided Design，CAD）的概念。CAD是一种设计和技术文档编制技术，辅助设计师、制图师、建筑师或工程师开展设计和图形绘制工作。利用CAD技术，建筑业开始摆脱繁杂的手工绘图模式，将绘图工具笔和纸改为鼠标和屏幕。从手工绘图到CAD绘图，实现了建筑业的第一次革命。

如果将CAD比喻是在拍照片，那么BIM就是在拍核磁共振，可以从任意角度、位置对建筑进行扫描，所有数据了然于显示屏，清晰明了[65]。但BIM所提供的不仅仅是漂亮的3D图，而是建筑全寿命周期提供3D可视化建筑模型，它为工程建造提供实时准确的数据，有利于建筑工程相关人员深入了解项目并使用配套的操作系统对建筑的规划、设计、管理进行高效控制和分析。

利用CAD技术进行绘图提高工作效率，也提高了图纸的精确性。而BIM技术在CAD技术的基础上，更进一步。BIM可以进行参数化建模，为各方提供了协调合作的平台，用动态模拟测试设计中存在的问题，预测建筑缺陷并进行自动校正，减少工程缺陷引起的工程变更，避免不必要的人力物力浪费。从CAD到BIM技术，实现了建筑信息从静态到动态、建筑图从二维到三维的转变，BIM被称为建筑业的第二次革命。

2016年麦肯锡发布了*Imagining Construction's Digital Future*研究报告，该报告将全球各行业的数字化程度进行对比，发现全球建筑行业信息化程度在所有行业中排名倒数第二，建筑行业的信息化程度仅高于农业。

根据国家统计局统计资料显示，2020年我国全年国内生产总值首次超过百万亿元，为1015989亿元，全年全社会建筑业实现增加值72996亿元，建筑业增加值占国内生产总值的比例为7.18%，再创历史新高。作为国民经济的支柱之一，建筑业地位稳固。然而直到2020年，我国建筑施工企业信息投入仅占总产值约0.08%，发达国家约为1%，仅为发达国家建筑信息化投入水平的十分之一[64]。我国建筑业对自身信息化的重视程度和投入力度还有较大的空间。

建筑业信息化转型升级关键在于打破建筑行业阶段式建设模式。规划、设计、施工、收费或养护运营，无外乎谁出钱、谁建造、谁运管，在基本面上多数不会涉及覆盖整个工程全生命周期的变革。与此同时，土木建筑建设又是一个信息复杂分散而又需要综合统筹应用的过程。由于阶段式建设模式，传统的信息具有明显的阶段分散性、不同对象间不对称性、一次性信息再利用难等特征，而这也造成土木建筑建设过程协调管理难度大、建设成果作为资产进行管理的难度提高和可用信息量减少等问题。近年来信息化技术在建筑行业内进行了大量的实践利用，从招标管理系统、项目管理系统到档案管理系统等，在一定程度上实现了各阶段、各部分项目建设管理的信息化，一个初步涉及整个建设项目全生命周期的行业软件产品链逐渐形成，但是这种信息化利用的手段是间断性、单次利用、非充分性的[67]。

传统的信息化软件或系统都是单一阶段或单一业务的，而 BIM 则可以在一定程度上整合、集成几个阶段或将多个业务综合到一起，甚至能够贯通整个建设项目的生命周期，更新和利用建筑体每一个最小单元的信息数据，实现信息、数据、管理的价值最大化共享利用，对于推动建筑行业的信息化生产，提高生产效率，降低生产成本，优化资源利用有着巨大作用[67]。

作为建筑业信息化的支撑技术，在各国学者的共同努力下，BIM 技术正在日渐成熟。许多实际工程案例表明 BIM 技术能较为完整地应用于工程项目的全生命周期，包括设计决策阶段、施工建造阶段及运营管理阶段[10]。

1.5 BIM 的应用趋势

依据 BIM 技术的应用成熟度将建筑业中的 BIM 技术应用分为三个时期：以模型为主的 BIM1.0 可视化应用时期，各阶段应用为主的 BIM2.0 全生命周期应用时期，多技术综合应用的 BIM3.0 "BIM+" 集成应用时期[68]。

BIM 技术进入我国后，将二维图纸用可视化的三维模型表达出来，这样建筑设计与图纸检查转化为了计算机中的建模与碰撞检查工作，此时 BIM 主要应用于建筑设计阶段，应用重点为三维模型的建立、二维图纸的自动生成、通过可视化特点实时观察设计成果，该时期称为 BIM1.0 可视化应用时期[19]。当 BIM 进一步拓宽应用范围，进入 BIM2.0 全生命周期应用时期时，BIM 以信息综合为基础，应用于建筑的前期策划至运营维护阶段的进度与成本协同管理、工程量与成本的核算、质量与安全跟踪管理、工艺模拟等工作[63]。随着国家大力发展智能制造工程，BIM 的多技术集成应用方向也就随之确定。BIM 结合大数据、3D 打印、5G 等技术，能够加快信息技术与制造技术的融合发展、实现建筑智能化制造，此时期为 BIM3.0 "BIM+" 集成应用[68]。

（1）BIM1.0可视化应用

利用BIM技术的可视化模型，参数化建模解决某个阶段的设计问题，进行单方面的应用，如构建专业模型、虚拟漫游、图纸审查、三维场地布置、机电碰撞检查等。基于BIM的可视化应用可以改善沟通环境，营造好建筑整体的真实性及体验感，给管理人员、施工人员及业主等一个印象，现场也可按照模型来施工，提高效率以及准确度[69]。但该阶段BIM技术应用较为基础，对工程各环节不够深入。

（2）BIM2.0全生命周期应用

策划、设计、施工、运营建筑工程全寿命周期的各个阶段任务不同，BIM技术在其基础功能上继续开发，实现多维度应用，其应用维度与应用深度根据项目任务重点不同而有所侧重。各专业工程人员利用BIM实现协同管理，在各阶段控制建筑的性能与成本，实现对建筑全生命周期的投资、设计、施工、运维的全方位组织优化与系统管理[19]。

（3）BIM3.0“BIM+”集成应用

随着BIM技术研究与应用的深入，实际项目仅仅应用BIM是不够的，更多的项目采取BIM技术与其他先进技术交叉应用、深度集成的方式，在发挥各类技术优势的同时，更达到“1+1>2”的效果，提高项目效益，倍增项目价值。现今陆续涌现了BIM+大数据、BIM+地理信息系统（Geographic Information System或Geo-Information System，GIS）、BIM+3D打印、BIM+虚拟现实（Virtual Reality，VR）、BIM+5G、BIM+物联网（Internet of Things，IoT）等“BIM+”的应用。

1）在设计阶段。“BIM+大数据”整合了图纸资料，使得大量无序信息以有序的形式保留并为建筑各单位提供决策依据，提高设计效率；“BIM+GIS”直观反映城市规划、交通、环境、市政管网、居住区规划等信息，提高建模质量和分析精度，并为大型、长期项目的管理打下坚实基础。

2）在施工阶段。“BIM+3D打印”实现了信息技术设计模型到物理模型这一质的飞跃，不仅为施工人员提供可360°观察的施工方案物理模型，也为复杂构件的工艺制作提供第二种可能，甚至部分建筑物都可以实现整体打印；“BIM+VR”为复杂的施工方案、不同的施工过程提供相对应的多维虚拟场景，及时发现工程隐患，为工程质量护航。

3）在运营阶段。“BIM+5G”实现万物互联的同时又保证了3D场景演示，解决了建筑运营交流不畅和建筑缺陷不直观、不具体的问题；“BIM+IoT”提高了设备日常维护的效率、重要资产的监控水平，增强建筑运营安全管控能力[70]。

为进一步提升建筑业信息化水平，促进建筑产业绿色化、建筑信息共享化、信息技术创新化、工作过程协调化发展，以及满足国家相关战略要求，增强建筑业信息化的发展动力，优化建筑行业信息化的发展环境，加快技术链与建筑业的深度融合，强化信息技术对建筑行业的支撑作用，重新塑造建筑业的新业态[71]，就需要着力增强 BIM 技术拓展应用领域，增强 BIM 与移动通信、智能化、云计算等信息技术相集成的应用能力。

建筑业需要在信息化、智能化管理等方面开拓进取，加快构建集监督、运营、服务等功能于一体的管理平台，在实现数据资源最大化利用的同时，形成一批具备高新信息技术、自主知识产权的建筑业信息技术企业[71]。这就要求建筑业顺应“互联网+”的形势，推进 BIM 信息技术与企业管理的紧密结合，加快 BIM 技术的应用普及，实现建筑业企业的技术革新升级，强化企业的专业管理能力，达到智能建造的目的。在“互联网+”概念迅速崛起的今天，建筑行业正跨入以 BIM 为基础的智慧建造新时代，“BIM+”的发展之路近在眼前。

第 2 章

公共建筑运维管理理论

2.1 公共建筑运维管理概述

2.1.1 公共建筑运维管理的定义

1. 公共建筑的概念及建设特点

根据《民用建筑设计统一标准》（GB 50352—2019）规定，民用建筑按使用功能可分为居住建筑和公共建筑两大类[72]。公共建筑被定义为：供人们进行各种公共活动的建筑。公共建筑按用途可以分为六大类，见表 2-1。

表 2-1 公共建筑分类及举例

分　类	举　例
办公建筑	行政办公楼、专业性办公楼、出租写字楼和综合性办公楼
商业建筑	商场、批发市场、会所、证券交易所
旅游建筑	酒店、娱乐场所等
科教文卫建筑	文化、教育、科研、医疗、卫生、体育建筑
通信建筑	通信机房、数据中心、广播用房
交通运输类建筑	旅客用房（候车室、候机室等）、业务用房（售票厅）、管理用房（调度室等）、行政用房（办公室等）

公共建筑一般具有建筑功能多样性、建筑结构复杂性、设备设施大量性等特点，因此其运维较之一般建筑更加复杂，投入的运维费用也更多。

在城镇化建设进程中，公共建筑的建设特点主要表现为以下两个方面：

（1）规模持续增长

随着我国城镇化发展不断推进，人们生活水平提高，为人们提供办公、娱乐、生活的公共建筑的重要性愈发突出。据国家统计局数据资料显示，2015 年全国房地产开发企业房屋新开工总面积为 154453.68 万 m^2，其中公共建筑面积为 47802.37 万 m^2，到 2020 年，公共建筑新开工面积已经达到了 60104.60 万 m^2，增长了 12302.23 万 m^2[73]。可以看出，自 2015 年以来，我国房地产开发企业投资的公共建筑的建设规模呈持续增长的态势，如图 2-1 所示。

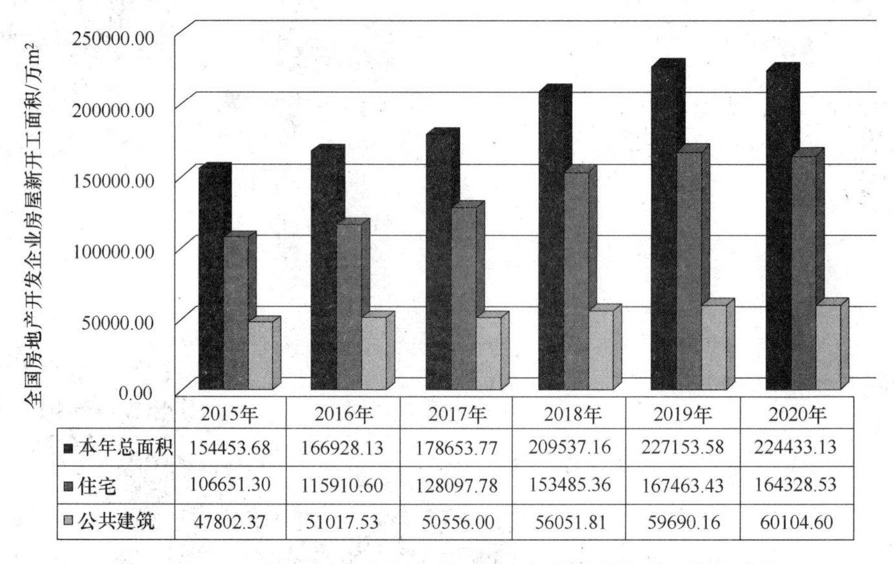

	2015年	2016年	2017年	2018年	2019年	2020年
■本年总面积	154453.68	166928.13	178653.77	209537.16	227153.58	224433.13
■住宅	106651.30	115910.60	128097.78	153485.36	167463.43	164328.53
■公共建筑	47802.37	51017.53	50556.00	56051.81	59690.16	60104.60

图 2-1　2015—2020 年全国房地产开发企业房屋新开工面积柱状图

（2）经济投资额递增

工业化发展带来人口迁移，城市人口增加，城市面积不断扩大，出现越来越多新建、改建、扩建的公共建筑项目。政府和房地产开发企业不断加大对公共建筑的建设投资力度，使得公共建筑投资额逐年递增。根据国家统计局对我国 2015—2020 年房地产开发企业投资的公共建筑投资额统计（图 2-2），公共建筑投资金额从 2015 年的 31383.60 亿元到 2020 年的 36997.21 亿元，增长了 1.18 倍，并呈现逐年增长的趋势[73]。

2. 运维管理的定义

运维管理（全称运营维护管理），在国际上多称为设施管理（Facility Management，FM），是从包含房屋的运营、维护、管理的物业管理逐渐演变而来，至今已形成在建筑运营维护阶段对人、财、物等多种因素的综合管理[74]。近几十年来，随着经济建设的快速发展和城市化建设的持续推进，人们的生活环境以及建筑物实体功能逐渐多样化，运维管理逐渐成为一门整合流程、人员、空间、设施设备、资产等要素的系统工程[75]。

自 1979 年密歇根州安·阿波设施管理协会成立以及 1980 年国际设施管理协会

创建以来，设施管理这一术语得到广泛的应用。设施管理又被称为工作空间管理或整合设施管理、企业不动产管理、物业资产管理，它是一门管理学科，综合利用建筑学、经济学、行为科学和工程技术等多门学科理论，将地点、流程、人员、空间、资产、建筑设施等因素整合起来，得到建筑物的更高附加价值，最终实现改善人们生活工作质量、满足核心业务的战略目标[76]。关于设施管理的定义，国内外尚没有一个被行业广泛认可的论述。一些影响力较大的设施管理协会根据各自的视角对设施管理的定义分别给出了自己的理解，见表2-2。

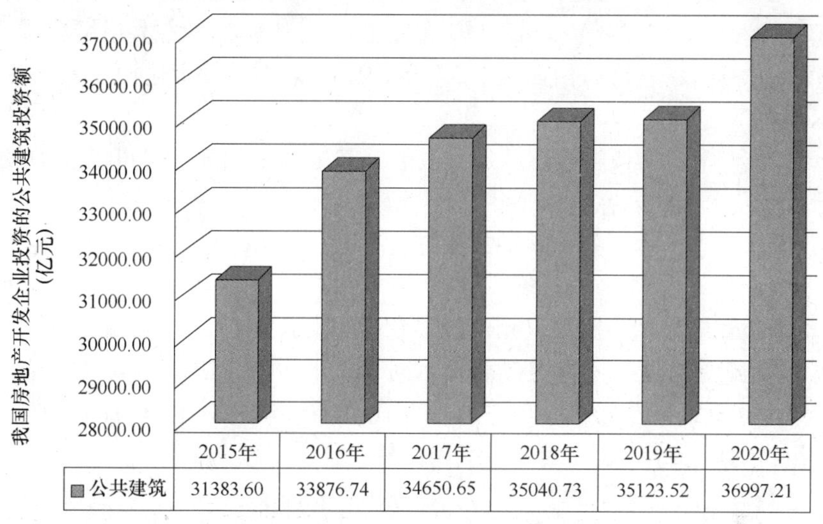

图2-2　2015—2020年我国房地产开发企业投资的公共建筑投资额柱状图

表2-2　设施管理的定义

机　构	定　义
国际设施管理协会（International Facility Management Association，IFMA）	以保持业务空间高品质的生活和提高投资效益为目的，以最新的技术对人类生活环境进行有效的规划、整理和维护管理的工作，它将人们的工作场所和工作任务有机地结合，是综合了工商管理、建筑科学和工程技术的综合学科[75]
英国设施管理协会（British Institute of Facilities Management，BIFM）	将管理工作视为核心，从组织的角度，通过组织和缔结协议等手段提高建筑活动的有效性
德国设施管理协会（German Facility Management Association，GFMA）	针对工作场所和工作环境，通过管理与控制楼宇、装置和设备运作计划，改进使用的灵活性、劳动生产率、资金盈利能力的创新过程，利用设施满足人们工作的基本需求，支持核心组织流程，并提高资本回报率的工作[77]
日本设施管理促进协会（Japan Facility Management Association，JFMA）	设施管理是一种综合性管理措施，能够使企业不动产（土地、建筑物、结构和设备等）的拥有、使用、运行和维护最优化，使其维持最优状态（最低成本和最大效用），从而促进企业的全面管理[78]

（续）

机　　构	定　　义
澳大利亚设施管理学会（Facility Management Association of Australia，FMAA）	设施管理是一种商业实践，它通过使人、过程、资产和工作环境最优化来实现企业的商业目标[75]

中国香港设施管理学会（Hong Kong Institute of Facility Management，HKIFM）的定义为：设施管理是一个组织将其人力、管理及资产进行整合，去完成其策略性目标的过程；同时设施管理也是一门科学和艺术相结合的专业，旨在有效地管理该整合的过程，在日常运作以及策略性管理这两个层面提高机构的竞争力[78]。

不同协会/学会对设施管理的定义虽然看起来各不相同，但可以从中发现一些共同且涉及本质的内容：

1）设施管理包含了各类学科，并综合了人、地方、过程以及科技等多方面因素。

2）设施管理为用户提供多元化、多专业的服务。

3）设施管理的最终目的是结合技术对人们的生活、工作环境做出规划，协助客户最大限度地减少运营成本、提高运营收益，通过对组织内部资源的整合来推动组织的可持续发展，实现组织利益最大化[79]。

在高新科技的飞速发展、绿色环保建筑推进普及的年代，设施管理不只是为了延长建筑设施的使用年限，保证建筑的正常使用，也包括为用户提供更加全面的服务、扩大投资收益、降低运维费用，为业主保证其投资的建筑资产得到有效增值，为管理人员提供良好的工作条件以便进行高效的管理工作，以及为社会人群提供一个安全舒适的生活、工作场所[80]。因此，运维管理比设施管理，从名称上更能体现其内涵。

通过对表2-2设施管理的定义的对比分析，总结出运维管理的目的、内容以及实质，见表2-3。

表2-3　运维管理的目的、内容、实质

运维管理的目的	满足人们工作的基本需求；保持业务空间高品质的生活和提高投资效益[81]；完成其策略性目标
运维管理的内容	改进劳动生产率和资金盈利能力；将其人力、管理及资产进行整合；综合性管理
运维管理的实质	提高资本回报率；提高机构竞争力；使企业不动产的拥有、使用、运行和维护最优化

因此，结合国外对设施管理的阐述，对运维管理做出如下定义：

运维管理是以满足使用者各种要求为目的，进行资源优化、整合、管理，最终实现组织利益最大化的综合性管理。

3. 公共建筑运维管理的内涵

公共建筑在公共活动、商业办公、科教文卫、通信、交通运输等场景满足人们的不同需求，具有规模大、投资高等特点，且公共建筑在运营期的管理又存在着时间跨度大、周期长、内容多、人员复杂等难点，因此研究公共建筑的运维管理有着极为重要的意义。

从公共建筑投入使用开始，直至建筑达到使用期限被废弃、拆除的漫长几十年里，各单位设备、管理、工单等信息相互关联、纵横交错，而公共建筑往往规模大、功能多，因此需要解决的问题比居住建筑更复杂，这就造就了公共建筑运维管理的复杂性与多样性。

公共建筑运维管理的内容要基于运维管理的基本理念及定义，结合公共建筑的具体情况（如功能要求、规模、管理特点），为公共建筑配套相应的技术、组织、经济措施并进行资源的优化、整合，从而对公共建筑进行科学高效的全过程运维管理，最终满足用户办公、娱乐、生活的需求，为用户创造美好生活环境。

公共建筑运维管理，是将建筑拥有者的企业发展战略规划与公共建筑的使用者（访客、参观者、租户、游客等）对建筑功能服务的美好体验相关联，整合地点、人员、空间、资产、流程等要素的系统、综合性管理[82]。

2.1.2　运维管理和物业管理的区别

物业管理起源于英国古老的管家服务。随着商业地产的兴盛和科学技术的发展，企业机构需求提高，业主期待更加高质量的物业服务，运维管理的概念也随之被提出。至1980年国际设施管理协会IFMA创立，运维管理正式成为一门学科体系。然而，由于建筑运维业务在国内起步较晚，且发展速度缓慢，应用普及率不高，所以人们通常会将日常生活中接触到的物业管理等同于建筑运维管理，但实际两者存在着本质上的不同，其区别见表2-4。

表2-4　运维管理和物业管理的区别

序　号	内　容	建筑运维管理	物业管理
1	管理对象	组织管理有机体	建筑设施（损坏或需维护）
2	管理定位	主动管理	被动管理
3	管理目标	项目效益最大化、资产增值	资产保值
4	管理方式	动态管理	静态管理

（续）

序　　号	内　　容	建筑运维管理	物 业 管 理
5	管理周期	建设项目全生命周期	运维阶段
6	适用建筑类型	绝大多数的公共建筑、居住建筑、工业建筑、智能建筑等	住宅建筑

从表 2-4 可以看出，运维管理和物业管理在很多方面都存在着差异：

1）管理对象不同。物业管理面向的是建筑设施，尤其是损坏或需要维护的建筑设施，而运维管理面向的是组织管理有机体，即所有的用户、资产以及人们日常生活和工作空间所涉及的所有活动[75]。

2）管理定位不同。大多传统的物业管理公司都属于房地产开发商的二级机构[83]，其服务对象实际上是甲方而非用户，更多地是为了提升建筑产品的核心竞争力。而且物业管理行业向来利润微薄，市场积极性不高，因此始终处于“设施损坏—用户报修—物业维修”的被动阶段，管理水平较低，存在大量资源和人力浪费的情况，创造的实际效益也很有限。而运维管理属于战略性的主动管理，更强调日常监控、主动出击和统筹规划，管理人员会在设施发生故障前就制定日常运维计划，做到全方位预防管控。

3）管理的目标和内容不同。相较于运维管理，物业管理涉及的管理范畴要小得多，侧重于业主关心的几个方面，例如环境卫生、公共安全、公共秩序、设施维修等，目的是保证设备的正常使用，为用户创造良好的生活工作环境，帮助物业所有者保持资产的价值。而运维管理是对建筑项目内的一切用户、资产及其活动进行统筹管理，在向用户提供满意服务的同时使建设项目效益最大化，并争取资产增值，其最终目标是实现企业的核心业务发展战略[84]。

4）管理周期不同。物业管理主要针对建筑物竣工交付使用后的运营阶段，而运维管理是针对建设项目全生命周期的一种管理活动。

5）管理手段不同。物业管理的技术含量低，管理手段和模式单一，大量依靠人力执行决策，信息化水平不高，而运维管理在管理模式上采用精益生产的主导思想[84]。

2.2 运维管理的特征分析

2.2.1 公共建筑运维管理的特征

对于公共建筑，尤其是大型公共建筑，除了具有一般建筑的基本要求外，由于其自身建筑体量大、机电系统复杂、对运维稳定性和安全等级要求高等特点，运维阶段所需要处理的问题比一般建筑更复杂，管理成本也相对较高。公共建筑运维管理有如下特征。

1. 系统性

公共建筑的运维管理是一个系统性的工程，包含了建筑的方方面面，其各方面不是相互独立分割的，而是相互关联、相互影响的，任何一个专业分支出现问题都会对整个运维管理工作的正常运行造成影响，给企业的成本管理带来严峻的挑战。这就需要运维管理方从建筑整体层面出发进行管理工作，整合各个专业，将不同的功能进行有机结合，及时共享、更新数据信息，建立统一化、规范化、整体化的运维服务，以满足用户要求，为业主实现建筑的价值[85]。

2. 唯一性

不同类型的公共建筑，如医院、学校、体育场馆、博物馆、会展中心、机场、火车站、公园等，对于运维的需求都不尽相同；由于不同的建筑业主对公共建筑单体的设备系统和应用功能需求的不同，即使是同一类型的公共建筑，运维的需求都是独一无二的。因此，每一栋公共建筑的运维体系都是独立、唯一的[80]。

3. 多样性

公共建筑运维管理的功能需求其本质上是业主及用户对于建筑物的使用需求，业主需求的多样性也就导致了建筑运维管理的多样性。运维管理是一个复杂而多样化的过程。

4. 商业性

对于大型公共建筑，运维管理的目的不仅仅是保证建筑在日常生活中的正常使用，还涉及管理者的经济效益，应在多方面实现高效的管理，降低运营成本，给管理者带来收益。因此，建筑运维管理应与公共建筑的业务规划同步，共同发展。

5. 连续性

建筑运维管理不仅是针对建筑竣工交付后的管理工作，还应与设计、施工阶段相结合，它在建设项目的全生命周期内是连续的，在前期建设阶段就应当充分考虑到运维管理的因素，为后续工作打下良好的基础[80]，才能做到对成本的有效管控，提高经济效益。

6. 技术性

随着信息化时代的发展，建筑设施设备越来越智能化，业主和用户对于建筑运维管理的技术要求也越来越高，建筑规模的不断扩大导致建筑结构的复杂性不断提升，因此运维管理工作也需要更多的新技术支持。

2.2.2 高校食堂运维管理的特征

随着我国高等教育事业的迅猛发展，在校师生人数增长迅速，高校规模日趋扩大，与其相配套的基础设施也在不断扩大规模。就高校食堂建筑而言，运维管理需要集成人员、技术、设施等因素确保食堂建筑及其附属设施良好的运行，在人流分流、安全标准、卫生标准、设备设施等方面与其他类型公共建筑存在着差异。高校食堂在具备公共建筑运维管理特征的基础上，还具备如下特点。

1. 在特定时间段内人流量大

高校食堂的用餐对象比较单一，大部分是本校的学生，另外还有少部分老师和社会人士，就餐时间也比较固定，且具有瞬时性。一般食堂的就餐高峰期时段分为早中晚三次，在这三个时间段内食堂建筑容纳的人数非常多，于是高效的空间管理就尤为重要。运维管理方在前期设计阶段就应充分考虑到用户的空间需求，以此进行功能分区的规划，建成以后对于不同人员在不同时间段内的空间需求也要积极响应。比如，每年的寒暑假就是高校食堂的淡季，就餐人数骤减，这时就需要关闭部分空间的开放来减少运营成本。再比如，运维管理可以进行食堂的人流量预测，给出人流分流的提示信息。

2. 设备设施种类繁多

食堂建筑不仅要满足学生的餐饮需求，而且还需为管理人员办公、后勤、烹饪、储物等提供场所，要满足这些功能，需要形成庞大的建筑体量以及完备的设备设施系统。食堂设施设备是维系食堂经营的物质基础[86]，包括：厨房设备、给水排水系统、电气系统、暖通空调系统、消防系统、监控系统、智能收费系统等。

3. 安全等级高

由于食堂建筑的设施设备和可燃材料多，一旦发生安全事故，如设备管线出现短路引起火灾，厨房操作台发生煤气泄漏等情况，将会造成严重的后果，危及就餐人群的生命安全，而且由于食堂的人流量大，人员疏散和应急管理会比较困难，因此安全管理尤为重要。

4. 卫生标准严格

高校食堂是学校教学、科研、生活的重要组成部分，承担着为成千上万师生提供安全、优质的饮食的重任。高校食堂是劳动密集型服务业，其加工服务方式决定了学校食堂是食品安全的高风险场所，其加工制作的餐饮食品是高风险产品[87]。学校食堂提供的饮食是否安全，影响着师生的身体健康，也影响着校园食堂的稳定[88]。学校食堂是卫生监督部门、学校管理方、后勤部门等在食品安全领域重点管理的对象。

2.3　运维管理研究和应用现状

2.3.1　公共建筑运维管理研究现状

国外运维管理的研究始于泰勒，泰勒认为运维管理是对商品从生产到使用全过程的规划、设计和控制。2004 年，Christian Koch 对建筑运维管理提出精益建设的想法，把人力资源、技术和建筑产品相结合[89]。Vladimir Popov 等认为成本竞争将成为项目管理的关键，提高项目全生命周期包括运维环节的信息沟通能力，可以为项目的全生命周期管理提供极大的推动，BIM 技术和过程仿真可以作为运维管理的有效工具[90]。Burcin Becerik-Gerber 等研究将 BIM 引入设施管理，分析 BIM 在设施管理中的潜力[29]。F. Foms-Samso 等通过调查问卷，收集了一百多名物业管理者对 BIM 在物业管理中应用的看法。调查数据显示超过一半的物业管理者认为引进 BIM 技术可以提高物业管理的管理效率。而对阻碍 BIM 在物业管理中的普及应用的因素调查中，前期资本投入和工作方式转变以及人员的理念、技能培训是主要影响因素[91]。

Kevin Yu 等从系统实现方法、实现目标以及实施难度等几个方面切入，对基于 IFC 格式的设施管理系统进行了框架研究，尝试以集成 BIM 为载体，规范数据模型，实现信息的无损传递与共享[92]。KH El-Ammari 也是研究通过 IFC 标准，将 BIM 的信息在生命周期中流转传递，结合虚拟现实实现物业三维可视化的管理平台[93]。

P. Meadati 等将 BIM 与射频识别技术（Radio Frequency Identification，RFID）共同应用到运维管理进行了研究，通过 RFID 技术自动收集数据并将信息存储在 BIM 中，可以节约成本、提高管理效率[94]。Liu 和 Akinci 及 Hammad 和 Professor 分别提出了 RFID 与 BIM 数据库的联系模式，进一步探讨 RFID 技术应用于 BIM 的运维管理的可行性[95-96]。

美国建筑科学研究院（National Institute of Building Sciences，NIBS）研究制定了设备工程施工过程的信息交换标准，以实现设计阶段和施工阶段的各种设备管理信息（包括楼层、房间等空间位置信息，设备、性能、系统及其关系等机电信息，以及用户、资源等其他信息）能以统一的标准 Excel 格式文件交付设备运维管理方[97]。

B. A. Godager 将 BIM 技术应用于既有建筑的设施管理中，实现包括日常运营、消防安全和设备管理等在内的运维管理，并探讨管理的组织结构和各层面所需要的权限等问题[98]。

国外公共建筑运维管理的研究涉及的方面较多，从运维效益、平台、技术、内容都有涉及。

周森锋和谢岳来认为，超市作为公共建筑，在运营管理中的重点是经营性管理和组织架构，但实际效果无法满足要求[99]。王睿认为，科技馆作为公共建筑，在管理上存在运营管理意识淡薄、经营能力较弱等问题，需要提高运营管理的效率和效益[100]。纪博雅，戚振强，金占勇尝试将 BIM 应用到奥运村项目运营管理中，得出了 BIM 技术应用到运维管理中可以体现数据存储借鉴、信息表达便捷、设备维护高效、物流信息丰富、数据关联同步等优势的结论[101]。

建筑运维管理的主要问题集中在信息效率上，因此解决建筑运营管理的问题可以通过信息化手段。2012 年，同济大学建筑设计研究院举办了“工程建设及运营管理行业 BIM 的应用”论坛，致力于同欧美各国建立以 BIM 为核心的商业运营管理技术研究。对持有型物业进行运营管理的信息化，利用 BIM-FM 进行管理组织架构的优化，简化运营管理的流程，更好地协调工作、减少错误，达到提高生产效率的目的[102]。

过俊和张颖研究了基于 BIM 的建筑空间与设备运维管理系统的构建，找到了一条实现 BIM 技术在建筑空间和设备运维系统应用的思路，使得建筑运营管理更加安全、高效、经济[103]。

汪再军在阐释运维管理的内容和意义基础上，系统地界定了运维管理的范畴，指出 BIM 应用于运维管理的关键问题是数据的标准化[104]。张建平和郭杰等研究并提出基于 IFC 标准和建筑设备集成的智能物业管理系统，使得信息在建筑物业管理阶段与上游的规划、设计、施工等阶段共享和流通，使数据的丢失降低到最少[105]。

胡振中等将建筑信息模型和二维码技术相结合应用于运营阶段，开发基于 BIM 的机电设备智能管理系统，实现了机电设备工程的电子化集成交付，以及建筑物运维期的维护维修管理和应急管理，可以为保障所有设备系统的安全运行提供高效的手段和系统平台支持[106]。

朱庆等研究了面向火灾动态疏散的三维建筑信息模型，通过实验分析证明了其在室内火灾动态疏散中的特殊价值[107]。

国内的公共建筑运维管理研究主要集中在信息平台、不同类型公共建筑管理内容两方面，对国内的公共建筑运维管理具有一定实践指导意义。

2.3.2 公共建筑运维管理应用现状

国外应用 BIM 技术进行公共建筑运维管理的案例相对较多，较早且较知名的应用项目当属澳大利亚悉尼歌剧院[108]，其在设施管理服务采购、绩效衡量基准、数字模型（BIM）等方面进行了BIM应用尝试，并于2007年发布了《BIM设施管理应用——悉尼歌剧院运维管理解决方案》。2015年，悉尼歌剧院又着手解决歌剧院的可追溯BIM、FM（Facilities Management）系统与建筑管理控制系统三者相互独立、信息割裂的现状，建立了一个以三维建筑信息模型为基础的全面整合的FM系统，借助BIM技术强大的功能实现了歌剧院的高效管理[52,109]。

我国在上海中心大厦、无锡智慧大厦、上海BASF办公楼等大型公共建筑中率先开创了国内基于BIM的运维管理系统应用的先河，基本实现了建筑物的设施管理和空间管理。

清华大学张建平教授的团队、昆明新机场建设指挥部以及中建三局一公司等多家参与单位共同为昆明新机场项目研发了基于BIM技术的昆明新机场机电设备安装4D管理系统[110]，并基于基础图形引擎OpenGL开发了“基于BIM的机电设备智能管理系统（BIM-FIM2012）”[26]。BIM-FIM2012基于BIM+GIS技术，实时查询和监控运维管理信息，支持日常运维管理中的物业管理、机电管理、流程管理、库存管理及报修与维护等工作，并应用在深圳嘉里中心二期项目等建筑中。这套运维管理系统除了应用BIM+GIS技术外，还应用了移动网络、计算机辅助工程、人工智能、虚拟现实、工程数据库、物联网及计算机软件集成技术，并参照IFC标准，基本实现了设备信息管理、集成交付平台、运维知识库管理、应急预案管理以及维护维修管理等主要功能[111,112]。

上海浦东国际机场研发了基于BIM的浦东国际机场T1航站楼运维管理系统，其功能主要是运维管理决策支持、检测维护信息的三维可视化应用和运维信息的共享，提升了浦东国际机场的运维效率、降低了运维管理成本[113]。

江苏省科技厅、华东建筑设计研究总院及南京禄口国际机场二期工程建设指挥部借鉴国际先进机场的发展理念和管理模式，优化并集成BIM，整合各种信息和物理资源，结合物联网传感技术、云计算技术，共同开发了基于BIM技术的三维可视化建筑运维管理平台，基本解决了运营阶段数据采集与管理的难题，提升了建筑物运维管理的智能化水平[114,115]。

北京博锐尚格节能技术股份有限公司开发的iSagy-BIM能源管理平台由BIM、传感器网络、能耗云计算平台、大数据智能挖掘系统组成，成功应用于银河SOHO、望京SOHO项目，它主要涉及信息总览、水力平衡、机械通风、感测、照明、电梯、温度分布、视频监控、数据分析等方面，初步实现了BIM技术的部分专项应用[85]。

2.4　BIM在公共建筑运维管理中的引入

根据《物业管理信息系统之研究》，以办公大楼经济生命周期40年计算，各阶段支出费用百分比分别为：规划设计约占 0.7%，施工阶段约占 16.3%，使用营运阶段约占 30.6%，维护阶段约占 32.1%，修缮阶段约占 15.6%。国外某研究机构对公共建筑在全生命周期的成本费用分析的结论为：设计和建造成本只占整个建筑生命周期成本的 20%左右，而运维阶段的成本占到了全生命周期成本的 67%以上。以上海金茂大厦为例，在建造过程中的成本为 50 亿元，其建筑总面积为 2.5 万 m^2，建设成本为 2 万元/m^2，对其运营成本进行分析（使用年限按 60 年计），在运维阶段需要的费用大约为 150 亿元，为建设成本的 3 倍[80]。此外，公共建筑物全生命周期大约为 50 年，其运维阶段一般长达 45~47 年。因此，运维阶段是建筑全生命周期中最长的阶段，也是成本投入最大的阶段[85]。

中国的新建建筑中包含越来越多的建筑面积在十几万平方米甚至几十万、上百万平方米的群体建筑和城市综合体。我国 2015 年既有建筑的面积已经达到了 600 亿平方米，尤其是医院、学校、商业综合体等在运维方面的成本越来越高[80]，建筑物结构越来越复杂，对建筑物运维的智慧化需求也越来越高，运营阶段的投入也越来越大，这对公共建筑运维的管理模式、管理技术和管理方法提出了更高的要求。

2.4.1 现有公共建筑运维管理存在的问题

M. Moore 等认为，大型公共建筑设施管理存在组织界面不清晰，信息在建筑全生命周期内流转存在障碍，以及缺乏设施管理评价体系等问题[116]。郑万钧等指出大厦型综合楼设施设备管理工作存在的问题有：工作技术人员流动性大、设备管理体制不完善、资料不齐全、设备发生故障不能及时维修、维护成本较大[117]。实际上，现阶段，传统的建筑运维管理方式较为单一，缺乏对不同专业、不同运维需求以及不同参与方的信息的有效整合，常常在重复性、机械性的工作中投入大量的人力和时间成本，普遍存在资料信息数字化水平低，建筑全生命周期信息的利用率不高，建筑运维阶段成本高、效率低的现象[8]。

1. 管理理念方面

（1）介入阶段过晚

建筑运维管理是基于建筑全生命周期的管理，要求在规划设计阶段就充分考虑运营维护的成本和功能需求。曹吉鸣、缪莉莉通过问卷调查、走访等方式，对上海物业系统设施管理的介入阶段现状进行了统计分析，调查发现有 30%以上的被访公司直到项目的竣工验收阶段才介入管理，在工程建设阶段介入的公司占比为 38%，而在项目的可研阶段和设计阶段就介入的公司分别仅占 16%和 6%，如图 2-3 所示。

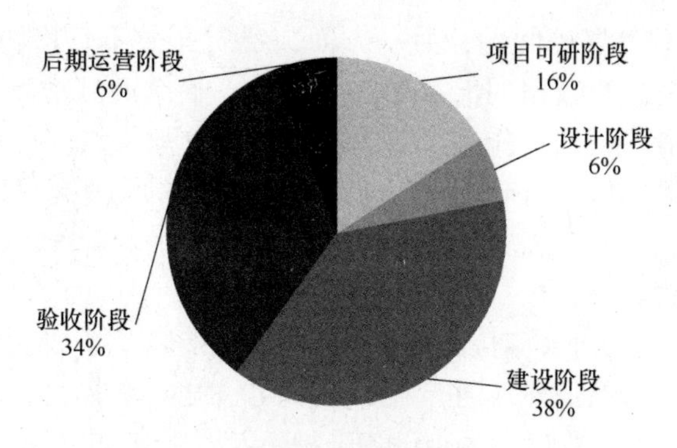

图 2-3　运维管理介入阶段的占比[118]

项目介入运维管理的阶段滞后，导致企业无法及时发现前期设计、施工阶段对后期运维的影响，从而增加运营维护的管理成本。目前真正能做到将运维管理工作融入建设项目全生命周期的项目非常少，企业对运维管理带来的优势认识不足，局限于当下利益，缺乏长远战略性思维。但也有过半的企业能在项目的设计和建设阶段开展建筑项目的运维管理，这说明越来越多的人意识到建筑运维管理在项目建设前期的重要性。

（2）管理模式过于被动

现阶段大多数公共建筑还达不到运维管理的高度，开发商和运维管理方仍在沿用过去的管理模式，也就是物业管理。当设施设备出现问题，用户提出要求时才去解决，以应急处理为主，缺乏管理的主动性和应变能力，对建筑设备存在的隐患缺乏足够的预见性，没有形成合理的预防应对方案，仍然属于被动管理，是一种反馈控制[119]。这不仅影响了建筑物的正常使用，导致大量的用户报修、质量安全等问题，还会导致资源浪费，运营成本增加，甚至会加大安全事件出现的风险。

2. 技术应用方面

（1）信息化技术亟待普及

建筑运维管理在建设项目全生命周期中占据的时间最长，业务流程复杂，涉及不同的参与方，会产生大量信息，各种表格、文档等日常运维数据错综复杂，然而在现阶段的运维管理中，3D 技术应用还不够广泛，信息化水平较低，大部分建筑人员仍然使用 CAD 作为绘图工具，最终生成二维图纸资料。在数据的采集和储存方面，尽管目前已经有了一定的数据库和软件系统支撑，但在不少地方仍然使用人工采集数据和纸质文件保存数据的方式，并主要依靠管理和技术人员的经验来执行决策，这种模式容易导致一系列问题。

一方面，运维人员并非设计人员和一线施工人员，对于工程设计、施工等阶段产生的数据了解不够，无法完全看懂信息量庞大的二维图纸，可能会出现记录错误、记录不完整等问题；另一方面，纸质文件不仅会占据大量的空间，还容易破损和丢失，给数据的保存带来了困难，工作人员难以及时调取需要的信息，增加了运维人员的工作量，效率大大降低。如果沿用这样的方式，那就必然要求运维管理人员具有较高的专业水平和丰富的工作经验，间接提高了人工成本。

（2）缺少可视化工具

当建筑使用年限延长，对设备设施的检查和维修就会成为常态，传统运维管理中对智能化技术的应用不够广泛，缺少可视化三维模型，二维图纸的局限性导致日常维护和检修难度加大，设备维护不及时。比如管网系统的维修管理，尤其是位于地下或隐蔽工程部位的管网，管线种类繁多，位置隐蔽，无法直观地看到管网的布局和走向，当出现故障时难以及时发现问题并精准定位，故障排查困难，造成大量损失，增加运维成本，对于建筑的设备和管线缺乏基于全生命周期的预防式维护管理。

3. 信息共享方面

（1）信息全生命周期流转不畅

传统运维管理更多针对项目竣工交付使用后的运营阶段，设计和建造信息往往不能完整地保存传递到后期，比如在建设过程中发生了设计变更，这些变更信息很可能无法在项目完工后被妥善整理[120]。但建筑物从规划设计到施工运维是一个完整的过程，且公共建筑普遍运维周期长，如果出现信息割裂，会导致信息流转发生障碍、集成共享不足，不利于建设项目的全生命周期管理。例如，建设阶段由施工、设计等单位提供的图纸和资料对后期的运维工作有着很大的帮助，但这些资料在信息传递过程中可能会发生遗漏，当建筑物需要改建扩建时，就会出现因图纸缺失而无法施工的情况。因此，有效集成建筑全生命周期内各类数据信息，有助于优化系统管理和协调配合，做到集成管理[121]。

（2）各专业部门协同性差

公共建筑涉及建筑结构、机电、给水排水、暖通和消防等多个专业，成功的建筑运维管理工作需要各方的有效配合，而在传统运维中由于专业性质不同，这些资料没有被整合在一起，分散化的数据信息导致运维管理难度加大。此外，由于各利益相关方和各专业部门往往只注重于自身的利益和管理工作，缺乏信息共享，相对独立分散的管理模式使信息形成孤岛效应，无法在后期阶段进行传输、共享和再利用。在这样的情况下，每开展一项工作都需要人工查阅多个部门的图纸、资料，纸质资料在传递过程中也极易发生遗失，这无疑给运维管理工作的开展带来了难度[8]。

（3）管理信息流转存在障碍

随着科技的发展，电子化办公的普及，部分公共建筑运维管理已经开始向电子化过渡，专业的运维管理软件开始出现并被广泛应用，一定程度上提高了工作效率和精准度，但不同公司开发的软件往往格式各异，且不能兼容，形成的信息无法顺利地传递，也不能得到很好的利用。另外，现行的建设模式决定了公共建筑各阶段的目标并不一致，而各阶段的参与方又多以本阶段目标为主，对其他各阶段的目标考虑相对较少，这就造成了各阶段形成的信息只能在本阶段流动，无法完整有序地向后一阶段传递、共享，同时各阶段存储格式不兼容的问题也加剧了信息流通过程中的损失，这就使得前期和施工阶段所形成的信息不能全面、完整、有序地传递到运营阶段，给公共建筑运维管理增加了难度。

4. 人员配置方面

(1) 人员素质不高

一直以来，相比于建筑物的其他阶段，运维管理阶段受到的重视程度明显不足，而实际上运维管理阶段在建设项目的整个全生命周期过程中是连续存在的，需要具备专业素养良好的人才来负责这项工作。但目前运维管理人员的综合素质普遍不高，具体表现为运维管理人员年龄偏大，学历相对较低，多为劳动密集型人员，管理能力相对落后，接受新事物的能力较差，主动预防管理意识薄弱等[122]。

(2) 专业型人才匮乏

运维管理的概念在我国存在的时间并不长，时至今日也没有被所有人真正地理解，而一个优秀的建筑运维管理人才需要对运维管理的理念有深入认识，掌握多门交叉学科的专业技能，同时还要具备一定的管理经验。但目前我国高校和专业机构在这方面开展的培训课程体系相对落后，大量的公共建筑快速投入使用，而人才培养速度却远远跟不上，以至于专业人才数量匮乏，供不应求，迫使运维管理人才向低端延伸，无法为数以万计的公共建筑提供服务[122]。

随着经济、社会的发展，大体量、复杂的公共建筑不断增多，现有公共建筑运维管理模式的种种问题导致管理效率不高，管理成本居高不下，而管理难度越来越大，运维管理已经成为亟须改革的重要环节，引入新技术和新模式就成为改革的重点。

2.4.2　BIM 在公共建筑运维管理中的应用价值

BIM 技术本身可视化和信息化的特性与公共建筑运维的复杂化、烦琐化特性具有良好的匹配度，在运维管理中引入 BIM 技术，不仅能满足建筑物使用人员对建筑物的基本需求，提高了应用效率，降低了使用成本，还能将规划、设计、施工、运维过程中的信息汇总并共享，提升信息的利用率，产生的效益将能使公共建筑运维提升到一个新的高度，创造出新的价值。BIM 技术在运维阶段拥有非常广阔的应用前景[85]。

1. 数据集成管理与共享

建筑信息从项目立项决策阶段就开始产生，设计、施工阶段形成海量的信息，运维阶段也有大量的信息不断补充，这些信息最终汇总到运维阶段，形成运维的基础，而这些信息一旦流转不畅就给运维带来阻碍[85]。

目前，立项决策阶段的信息鲜少在运维阶段被挖掘利用，这是后评估工作不够重视所致。设计、施工阶段形成的信息，较多采用“竣工纸质图纸资料+电子文档移交”的模式传递到运维管理阶段。看起来是双保险模式，实际情况是：纸质图纸容易破损丢失；电子文档格式不兼容、不规范，实则是不能高效利用的海量数据。阶段和阶段之间，还是存在“信息孤岛”和“信息断流”问题。

建筑信息模型可以将设计、施工及运维阶段产生的各类过程信息进行整合分类，并提供数字化管理。将建筑信息模型用于运维管理可以实现建筑物全生命周期的信息集成，并便捷地实现添加、修改、完善和更新，有利于运维可持续的管理。

BIM 技术为公共建筑的运维管理提供的运维管理建筑信息模型能集成从设计、施工到运维的全生命周期的各种相关数据[123]，为运维管理提供数字化信息，使各应用部门及各信息独立的系统达到信息的共享和业务的协同，实现实时调用、有序管理及充分共享。

2. 信息的有效利用及流转传递

现阶段的运维管理已经引入了一些信息化技术和软件系统，目前通用的运维管理软件系统主要有计算机维修管理系统（CMMS）、计算机辅助设施管理（CAFM）、电子文档管理系统（EDMS）、能源管理系统（EMS）以及楼宇自动化系统（BAS）等。这些系统提供了相对成熟的技术支撑，使运维管理活动逐渐走向数字化、信息化，但目前各系统的资源和信息是相对独立的，业主、用户、专业维修方以及其他相关部门需要各自从独立的系统中获取信息，并依赖运维管理方对大量繁杂的数据做汇总分析，还需要进行数据资源的集成和共享[104]。传统运维管理信息流转模式如图 2-4 所示。

BIM 技术可以保证建筑产品的信息创建便捷、信息存储高效、信息错误率低、信息传递过程精度高[101]，将 BIM 技术引入公共建筑运维管理中，借助其可视化能力和信息集成能力为公共建筑运维管理提供一个优秀的资源和信息整合平台。基于 BIM 的运维管理系统可以实现数据信息资源的集成和共享，使信息能实现全生命周期无障碍流转，并在各参建方之间得以共享和传递，提高运维管理效率，如图 2-5 所示。

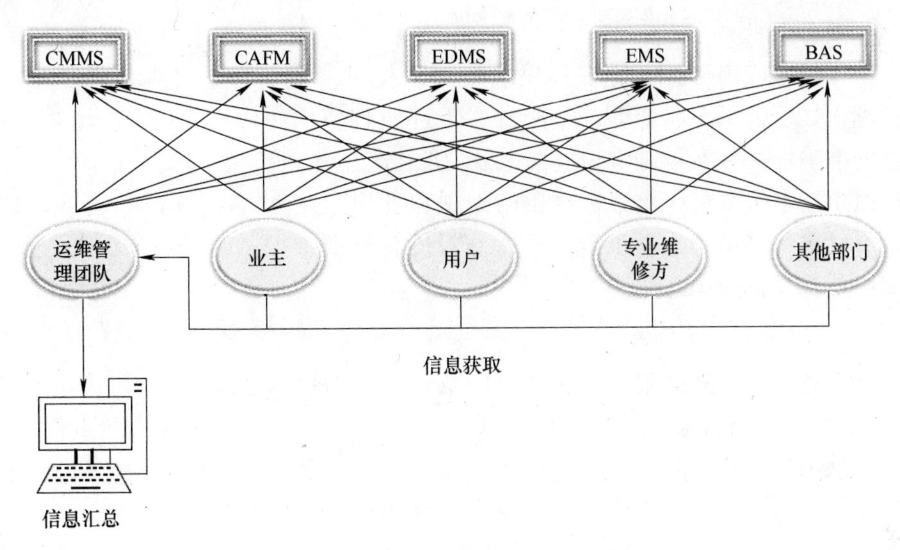

图 2-4 传统运维管理信息流转模式

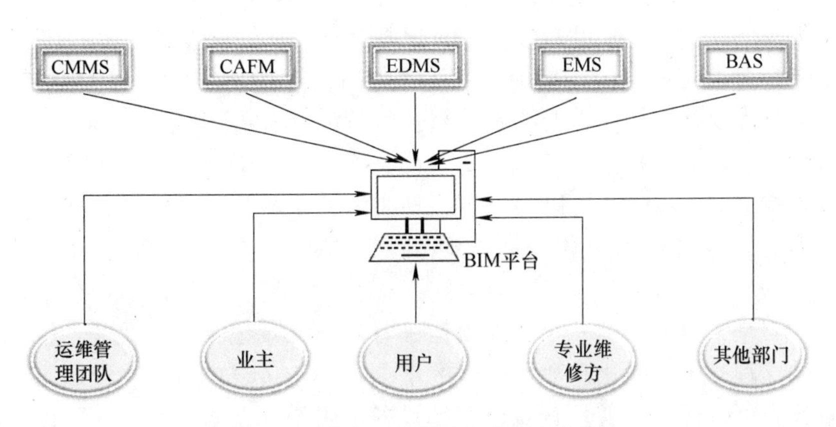

图 2-5 基于 BIM 的数据集成与共享

从管理方而言，一方面运用 BIM 技术积极影响传统组织管理体系，管理方不再需要反复地与各专业领域参与者进行沟通交流，只需要通过 BIM 这个信息库即可获得整个工程全面而真实的信息，这改变了传统的单一交流方式，更趋向于多元化，从而在运维阶段能够高效、准确地进行空间管理、能耗控制、设备维检、资产管理等。另一方面，管理方发布的消息也能及时可靠地进行传递，避免了以往由于消息的延误而造成的损失。同时运用 BIM 技术实现 4D/5D 或者 nD，管理模式将更趋向于往精细小型化发展。一个远期、复杂的目标分解后则显得更直观具体，放大效应则更加清晰地显示了近期、分解目标的合理程度，并及时进行相应地修订整改，以避免不必要的损失发生[10]。

3. 运维管理可视化

BIM 技术应用于公共建筑运维管理可以提供运维管理的可视化操作平台，使管理人员可以形象、直观、清晰地掌握建筑物各构件的相关情况，增强相关信息的准确性，并在运维管理过程中极大地降低了难度。

BIM 技术的可视化优势在设备的维护和管理中尤为突出。管理人员可以实时查看建筑运维信息，并准确识别隐蔽设施，精准维护，做到动态跟踪、及时反馈，延长设备使用寿命。

4. 应急管理决策与模拟

公共建筑人员高度聚集，这就对应急管理工作提出了很高的要求。传统的应急管理大多是事先制定好书面应急预案和应急文档，主要关注应急事件发生后的应急响应与及时救援，但在面对突发事件时启动应急预案的响应速度却不够迅捷。BIM 技术在应急管理模拟与决策方面则有着巨大的优势。如火灾发生后，BIM 技术的应用能够以三维可视模式显示火灾发生的位置，并提供受困人员逃跑路线和救援人员进入路线，同时还能向管理人员提供设备、管线情况，为灾情提供实时信息，辅助救援工作的开展[123]。再如发生水管爆裂事件时，目前大都是通过查找相关图纸来确定管线、阀门位置，但往往由于不能快速定位而导致事件发生初期未能进行有效控制，而通过 BIM 技术的应用则可以快速定位，有效控制损失的扩大。

BIM 技术的应用除了可以为应急管理决策提供数据支持以外，还可以作为应急模拟的工具，评估突发事件可能导致的损失，对应急预案进行模拟和讨论[80]。

此外，基于 BIM 技术的公共建筑运维管理可实现模拟可视化的运维管理培训服务，这种基于可视化和数据整合的培训不同于传统的针对参数和图纸的枯燥讲解，它可以让培训人员直观地了解设备的可视化仿真模型，并可以进行拆解、展示内部结构和构件，同时模拟不同状态时的不同效果[124]。经过这种培训的运维人员其运维能力将得到显著的提升。

5. 将运维人员的要求从专业人员降为准专业人员

在目前的运维管理中，CAD 图仍被广泛使用，并根据专业分为建筑、结构、给水排水、采暖通风、电气等，具体图纸主要分为平面图、立面图、剖面图，并根据需要配备详图、系统图，部分位置还需配合图集等，图纸多而复杂。运维人员需要明确线路、管路的走向，熟悉开关、阀门、控制器等的位置、使用方法、管理范围等，就需要经过专业的培训，具备一定的专业能力。而基于 BIM 的操作平台采用三维立体式表达，将多专业复杂的平面图、立面图、剖面图转换为易于理解的三维图像，大大简化了图纸阅读难度。

尽管传统的运维管理工作有一定的软件技术支撑，但在运行过程中主要还是以管理和技术人员的经验为主导，而BIM令建筑运维管理更加直观化、模块化，同时采用电子化、信息化的手段来实现运维效率的提高，从专业性强、晦涩难懂的二维图纸到直观的三维模型，这在一定程度上弱化了专业屏障，降低了行业门槛，很大程度上满足了非专业人士在建筑运维工作中的需求，提高了运维管理的普及性。

6. 优化人员配置，降低运维人员的工作强度

现阶段建筑项目在运维人员管理模式上大多采用的是直线制、直线职能制或事业部的组织结构[86]，不同专业、岗位都需要安排对应的工作人员，管理方式过于依赖人力，人员需求量大，工作繁杂。而基于BIM的运维管理系统，由于其智能化、可视化的特性，一些基础标准化的工作将由软件分析处理，管理者只需要根据处理结果做出相应的决策，组织结构也更加扁平化，需要的人员数量减少，人工成本降低，企业管理效率明显提升[125]。

从图2-4和图2-5中可以看出，BIM技术不仅可以实现数据共享传递，还能提升各部门管理人员的协调效率。将最初的网状沟通方式优化为以BIM平台为媒介的放射式沟通模式[126]，这在很大程度上提升了不同部门、不同专业管理人员的工作效率，降低了沟通成本。而传统的沟通模式不仅会浪费大量时间、人力，还会严重滞后建设项目运维管理的工作进度，甚至导致信息传递的失真或部分遗失。

目前运维人员负责的工作内容十分繁杂，他们需要了解建筑物的各种信息，包括图纸、施工记录、设备保养信息、运维状态等内容，同时，在运维过程中，还要实时了解各种相关信息，如设备位置及状态、空间使用情况等，此外还要负责部分维护维修工作。这造成了运维人员的工作强度较大，从而在一定程度上导致人员流动性升高。而BIM的引入使得运维系统能方便、快捷地辅助运维工作人员，将复杂的工作交由计算机完成，降低了运维人员的工作强度，提升了管理效率。

7. 节约运维成本

公共建筑项目的全生命周期涉及不同建筑专业多参与方的建筑活动。目前的运维管理大多基于二维CAD图纸和相关文档表格资料，其产生的过程信息具有孤立、零散、信息表达不一致等特点，运维管理人员在使用这些信息时，需要具备较高的专业水平和长期的工作经验，这间接导致了运维管理人工成本的增加[103]。基于BIM的运维管理系统可以快速查询各种相关信息，节省大量的查找分散图纸、资料、记录的时间，减少了人力、时间的消耗，从而节约运维成本。

2.4.3 基于BIM的建筑运维管理和传统运维管理的对比分析

BIM是建筑全生命周期的共享基础数据源，在建筑运维阶段充分挖掘BIM的数据价值，能够使建筑设备运维管理系统的信息更加完善，系统信息的表达更加生动和易于理解，而且采用属性图模式对BIM中实体及实体关联知识进行表达，通过成熟高效的图数据库产品技术，可极大地提高设备运维管理系统的信息检索效率，为设备运维管理决策提供良好的支撑[82]。当在建筑运维中融入BIM等信息化技术后，基于BIM的建筑运维管理和传统运维管理有了很大的不同，两者的比较见表2-5。可以看出，相较于传统运维管理，BIM技术在很大程度上优化了运维管理工作的模式，促进了建筑运维管理效率和管理水平的提升。

表2-5 基于BIM的运维管理和传统运维管理比较

序号	对比内容	基于BIM的运维管理	传统运维管理
1	数据采集	通过互联网、智能化系统采集	主要依靠人工采集
2	数据分析	自动分析，生成报表	有软件技术支撑，但以人员经验为主
3	人员需求	少量人员，效率至上	大量人员，不同专业，工作繁杂
4	多专业协同	基于BIM平台的各专业统一整合	各专业独立，沟通成本大
5	档案储存	数据库共享，管理人员可随时借助PC端、移动端查询管理	有一定数据库支撑，但信息化水平不高
6	应急决策	软件模拟，智能规划	人员实际应变
7	设施维护	精准定位，快速甚至预先维护	定位难，反馈慢
8	空间管理	可视化管理，空间优化	主要依靠人工管理

第 3 章

公共建筑的“BIM+”运维管理

3.1 公共建筑运维管理的内容

公共建筑的运维管理可做狭义的理解：即公共建筑运营阶段的与建筑物直接相关的管理。公共建筑的运维管理也可做广义的理解：涉及运营阶段的方方面面，可以提升到公共建筑管理方运营管理层面。本文讨论的公共建筑运维管理属于广义的范畴。

北美设施专业委员会将运维管理分为维护与运行管理、设施服务和资产管理三大主要功能[127]。其中，维护与运行管理可以从两个方面来理解：维护指的是为了维持固定资产初始的预期寿命而必须做的工作（比如对固定资产和设施设备的保养），包括定期的检查、调整、清洁等为了延长资产和设备使用年限而进行的一系列操作；运行则是指保证设施正常执行其指定功能，同时保障其正常运行所需要的各种外界环境和条件而做的一系列工作。设施服务指对建筑物内的设施设备进行日常维护保养，并保障其正常运转。资产管理包含了对资产信息的定义、查询和展示，以及资产盘点、折旧管理等管理活动，其目的是降低资产闲置率，提高资产利用率。

2009 年，国际设施管理协会 IFMA 通过全球设施管理工作分析，在已定义的九大职能的基础上，对其范围进行了重新界定，包括策略性年度规划、财务与预算管理、不动产管理、室内空间规划及管理、建筑的维修测试与监测、保养及运作、环境管理、安保电信、行政服务等。

我国学者也对建筑运维管理的内容进行了研究。汪再军将运维管理的主要范畴划分为如下几个部分：空间管理、维护管理、资产管理、安全管理、能耗管理[104]。徐照等在研究中剔除了资产管理，针对建筑正常运行阶段，将建筑运维管理的内容分为运行管理、维保管理和信息管理三方面[128]，其中，运行管理又分为空间管理和日常管理，维保管理分为设备维护和建筑主体维护，信息管理分为运行信息和维保信息。

虽然不同的组织和学者对于建筑运维管理的内容划分有所不同，但总的来说，基本都涵盖了空间管理、维护管理、安全管理、能耗管理、资产管理，如图 3-1 所示。

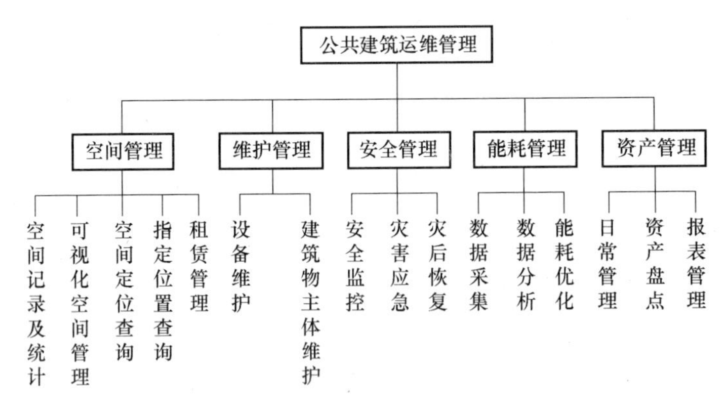

图 3-1　公共建筑运维管理的内容

3.1.1　空间管理

公共建筑的空间管理主要是实现建筑物公共空间的统计分析、空间规划、空间分配、租赁管理等，提升空间的利用率、明确空间的成本、计算空间收益、实现对空间更好的利用。为此，空间管理需要具备以下功能[74]：

1. 空间记录及统计

将同类空间分类统计并生成相应的报表，按使用状态进行分类管理，如将分布在建筑物内各个位置的不同库房进行标识，统一归入建筑物使用功能下的库房功能目录下，以便于管理者合理安排使用。

2. 可视化空间管理

提供可视化状态下空间的位置、大小、形式、使用者信息等资料查询，便于管理者合理调配可使用的空间。例如，拟将在 A 会议室进行的会议调配到 B 会议室，可在可视化状态下将 A 会议室的设备、器件在系统内移至 B 会议室进行模拟布局，若能符合要求则进行搬移，若布局不能满足要求则此次搬移不可行；同时还可以查询 A、B 会议室的收费、设备管理情况等信息。

3. 空间定位查询

对建筑物内部的任意构件的位置进行精确定位，提供阀门、配电箱、开关柜等关键设备、配件的准确位置，便于检修和维护，同时可以提供建筑物不同构件、设备的相对位置和距离等，为更换管线等提供数据支持。

4. 指定位置查询

查询单独的楼层、独立的房间或某一个建筑构件等，如运维人员想统计建筑物内分体空调的数量，可直接调取空调的统计表，明确数量、位置、性能等信息。

5. 租赁管理

将公共建筑闲置空间进行出租可以提高空间的利用率和收益。基于合理的空间规划，对空间的需求、成本和收益进行分析，从而对不同楼层及功能分区的空间进行统一化租赁管理。将商户的资料、租金与物业费用、租赁合同等信息统一汇总到运维平台中，不仅可以查询商户租赁空间的位置、面积等一系列信息，而且当相关数据发生变更时，系统中实时调整和更新数据，实现高效的租赁管理。此外，信息化租赁管理可以快速分析不动产财务状况的周期性变化，预判其发展趋势，从中发现潜在的风险和可能出现的机会，从而提高建筑空间的投资回报率。

3.1.2　维护管理

公共建筑的维护管理包括设备和建筑物主体的维护和维修，包括建立台账、日常养护、定义保养周期并按周期维护、组织定期或不定期巡检并形成运行记录、故障维修、局部或全面改造等[129]。维护管理可以帮助管理方更好地利用建筑物和设备，延长建筑物和设备的寿命，使它们保持良好的工作状态，尽可能延长使用年限，减少运维成本。

1. 设备维护

（1）对设备基本信息的维护

将设备的属性（包括设备的通用属性，如设备编码、品牌、规格、数量，以及部分设备的分类属性，如设备电容、额定电压、功率、制冷/热量等）保存并定时更新，建立设备基本信息库和管理台账，为后期维护工作打下良好的数据基础。

（2）对设备运行信息的维护

对设备运行信息的维护主要是指监控、检测、维护建筑设备的正常运行，维修保养、更新换代等管理行为，包括但不仅限于对给水排水系统、电力系统、暖通空调系统、消防系统以及自动化系统的日常维护和应急处理，从日常巡查到专项检查（包括养护）都进行记录，建立完整的设备养护日志及记录，为大修和设备管理提供数据支持。具体包括：

1）制定完整的设备巡检计划，实时查看设备运行状态，准确采集检测数据，进行智能统计和分析，进行故障率分析，为设备的更换提供数据支持，生成运行记录和故障记录；提供故障自动报警功能，如闪烁、声音报警等，能帮助管理者远程发现并调整设备故障。

2）定时委托专业机构对特种设备进行检查，及时发现可能存在的故障；对于报修的设备，快速定位，并提供设备维修相关的资料和记录；在维修后将更换的设备或构件信息录入，便于用户和维修人员查询。

3）提供设备更换、检修的自动提醒功能。可根据设备开始使用日期、保养说明书及日常保养日志和记录等计算设备更换、检修的日期并设置自动提醒。在系统内根据设备检修要求提前一段时间对管理者进行提醒，预留联系时间，且该提醒需检修后人为取消，这样可以保证设备及时获得检修或更换。

4）对库存设备定时进行清点并检查设备完好情况，登记相关信息，便于安排工作人员对其进行日常养护。实现设备维修的全面管理，从维修的申请、派工、施工到验收的全过程信息化管理，其中保修单、维修记录、验收记录、关闭维修单等记录均在系统内填写和传递，完全实现无纸化。

2. 建筑物主体维护

一般分为日常维护、大型修缮和改扩建三个方面。日常维护需要制定日常维修计划，根据计划对建筑主体结构、建筑外立面、门窗等进行检查和维修。而大型的修缮和改扩建必然会用到建筑工程图和设计资料，在有效的信息管理下，运维管理方可以快速调取相关数据，进行施工模拟，制定详细的修缮计划。

3.1.3 安全管理

公共建筑的安全管理主要指应急管理、安全防范等，是建筑物管理的重要方面，一旦建筑物发生公共安全事件，极有可能发生大量的人员财产损失，造成严重影响。安全管理需要实现以下功能：

1. 安防监控

安防监控系统包括消防系统、视频监控系统和门禁系统等。运维人员通过安防监控系统可以进行人流量的统计，保证建筑内人员的生命财产安全，以及各项日常性安保工作的有序开展；可以对建筑内的空间、设备进行综合监控管理；可以对建筑内的空调、给水排水、供电、防火等设施设备运行状态进行实时监控，设立预警机制；可以根据情况调整监控布局，防止监控死角的产生，实现建筑内外部空间的全面监管。

2. 灾害应急

结合消防系统应对火灾突发险情，拟定灾害发生时建筑物内人员的逃跑路线，制定全面的安全管理保障体系，比如应急疏散演练、灾害应急处理、灾后恢复管理等。同时，提供紧急情况的智能报警，管理人员通过监控查看现场的实时情况，快速引导人员疏散和安排救援。目前，公共安全管理更多关注事件发生后的及时响应和快速救援。实际上，公共建筑的运维管理更应该重视灾害自动报警（灾害探测和自动报警）和应急联动（本地实施报警、异地报警、指挥调度、紧急疏散与逃生、事故现场紧急处理）。

3. 灾后恢复

在灾后恢复方面，对损失情况进行快速准确的统计，为灾后资产损失状况与赔偿工作提供依据，并进行灾害重建工作的合理规划。以2018年9月2日巴西博物馆发生火灾为例，在灾害的数据统计中，纸质资料损毁，只能以全世界游客的记忆、照片等进行统计。如果应用了先进的运维管理，则不需要如此大费周章，且可以实现精准统计。

3.1.4　能耗管理

公共建筑的能耗管理主要是对建筑物日常运营所消耗的电、气、水等资源进行管理，统计相关消耗数据，查找可能存在的浪费并加以改进，以实现能耗的优化[130]。

目前我国公共建筑的能源耗费较多，导致运维成本较大。以2017年公共建筑能耗情况为例，根据《2019中国建筑能耗研究报告》数据，2017年中国建筑能源消费总量为9.47亿吨标准煤，占全国能源消费总量的21.10%，其中公共建筑能耗3.63亿吨标准煤，占建筑能耗总量的38.37%，从单位面积能耗强度看，公共建筑相比起其他建筑能耗强度最高。

随着我国经济的发展，能源需求不断上升，与能源供给相对不足之间的矛盾日益严重，节能成为全社会共同关注的话题，国家及行业近年来也在不断强调绿色节能的建筑理念，因此在建筑运维的管理过程中需要重点关注能耗分析。而且，建筑的运维管理阶段不仅在时间上占全生命周期的比重最大，在费用上也是如此，而公共建筑的运维管理相比居住建筑和工业建筑更为复杂，消耗的能源也更多，我国现有的公用建筑面积约为45亿m^2，占城镇建筑面积的27%，占城乡房屋建筑总面积的10.7%，但公共建筑耗能约占建筑总耗能20%。因此，建筑物的能耗检测和管理对于控制运营成本至关重要。

1. 数据采集

主要是对建筑物日常运营所消耗的水、电、气等资源的用量数据进行日常监测和统计，提供水、电、气、冷热源消耗的数据的自动收集、整理及能耗分析；对建筑进行不同楼层、区域、功能区间等多维度能耗情况进行数据收集，并通过切换统计时间、统计范围、统计类型等条件实现多维查询；对建筑物能源消耗数据进行精确管理，为高效的能源管理提供数据支持。

2. 数据分析

在三维模式下显示各系统能源消耗的实时数据和历史数据，并自动生成历史数据曲线和数据对比，在此状态下可以分析各系统能耗的变化，在剔除业务变动等主动改变因素后，可以分析同一水平线上的能耗变化，找出能耗变化原因并进行优化；也可以分析单一系统、独立区域、单个部门的能源数据，并据此优化能源管理；可以根据建筑物功能的不同来调整能源管理模块的功能，为按使用功能不同的区域进行的差异化能源分区管理提供数据依据；提供能源异常情况警告，在某一区域或某一系统内发生能源使用异常变动情况下，主动向管理者提供警告，帮助管理者及时发现能源变动情况，避免意外的发生并提高管理效率。

3. 能耗优化

对建筑的能源消耗分配情况进行分析，跟踪主要耗能设备，再结合建筑物的具体情况进行改进，解决能耗管理的滞后性。查找可能存在的浪费并加以改进，以实现能耗的优化。通过参数处理形成直观的水暖电煤等能耗数据，便于实时监测能源使用情况，在特定时间段内形成阶段性的统计表，根据阶段性数据监测能耗异常情况，做出相应的调整，使建筑长期处于绿色节能状态。

3.1.5 资产管理

公共建筑的资产管理主要是对建筑物及其附属设备、设施的使用和状态进行数量管理、状态管理、折旧管理、报表管理等。资产管理可以明确资产价值、减少闲置浪费、提升资产使用效率[131]。

1. 日常管理

记录建筑物及其附属设备、设施的基本信息、物业的使用状态；将以图纸和档案形式予以保存的资料改为以电子文档和数据库模式予以收录，并在需要的时候方便调取。

对资产信息进行汇总分析，对各类数据进行统计整理，包括对固定资产的新增、删除、修改、借用、归还等日常性工作进行统计、数据分析。

2. 资产盘点

定期对资产情况进行检查统计，将盘点的数据与数据库对比，得出实际资产情况分析表，并对异常指标做出处理，按部门生成相应的盘点汇总表、盈亏分析表等。

3. 报表管理

所有的情况都必须落实到实际的表单中，专业财务表格可以直观清晰地反映资产信息情况，尤其是对折旧信息的管理，包括计提资产月折旧、打印月折旧报表、对折旧信息进行备份、恢复折旧工作、折旧手工录入、折旧调整等[104]。

3.2 “BIM+”的引入

3.2.1 BIM的多阶段引入

工程项目的建设过程通常分为多个阶段，在国内外的研究和实践过程中，通常将工程项目的建设分为决策阶段、设计阶段、采购阶段、施工阶段、运维阶段，每个阶段可以根据具体情况再进行细分，从而进行精细化的管理。在项目的各阶段建设管理过程中，BIM技术的集成应用都能有效提升项目管理的效率。

1. 决策阶段的引入

工程项目能否顺利实施，前期的投资决策阶段起着至关重要的作用。工程项目在建设工程投资决策阶段，最重要的工作便是如何合理、准确地确定投资估算。

BIM模型具备参数化和可视化的特点，因此在投资决策阶段，可以通过BIM模型导出较为准确的工程量数据，再通过大数据查找和拟建项目相似工程的造价信息，快速完成拟建项目的投资估算。在有多个投资方案的情况下，决策者可以通过BIM技术对多个方案进行方案对比，选择可行性和经济性较优的方案，使得项目能够顺利开展。

除此之外，进行投资估算最大的难题在于对不可预见费的估算。在传统的投资估算中，不可预见费所占的比例较高，而基于BIM的模型和数据，可以进行建筑模型的三维展示，甚至能模拟后期项目的实施，从而有效降低工程项目建设过程中的大部分技术风险，进而降低不可预见费的比例，使投资估算更加合理、准确[132]。

基于BIM的投资决策阶段投资估算流程如图3-2所示。

2. 设计阶段的引入

对于设计人员而言，二维制图虽然方便快捷，但仍然存在一些可改进的地方，例如难以可视化、数据不直观等。BIM技术不仅能提高制图效率，节约设计人员的时间，同时也可以使设计更加具体形象。BIM技术通过其数据化、可视化的特点将较为抽象的二维平面图形立体化，从而预先看到整个建筑工程竣工后的实际效果，甚至可以进一步进行施工过程的模拟，通过这些模拟可以发现设计中的种种问题，并可以对不符合预先构想之处进行反复调整，比如管线碰撞（图 3-3）、风管门窗碰撞等（图 3-4），直到制定最佳的设计方案。

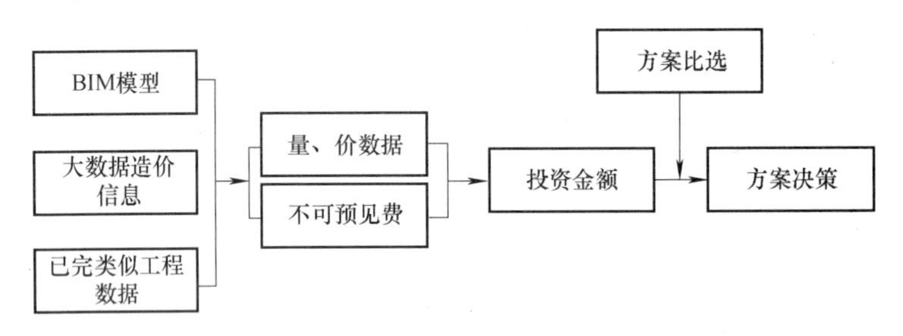

图 3-2　基于 BIM 的投资估算流程图

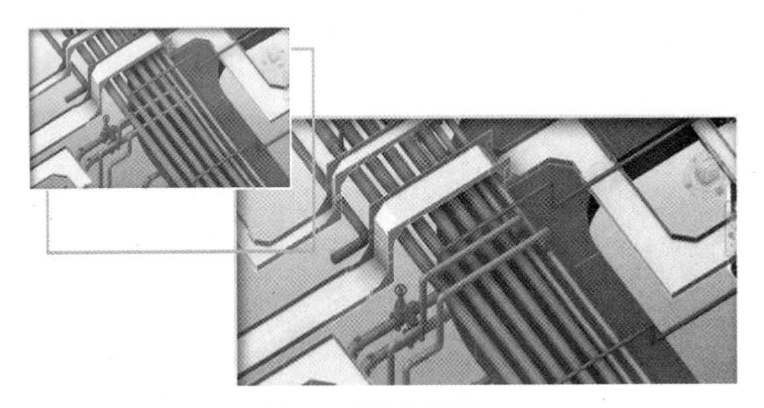

图 3-3　管线碰撞优化

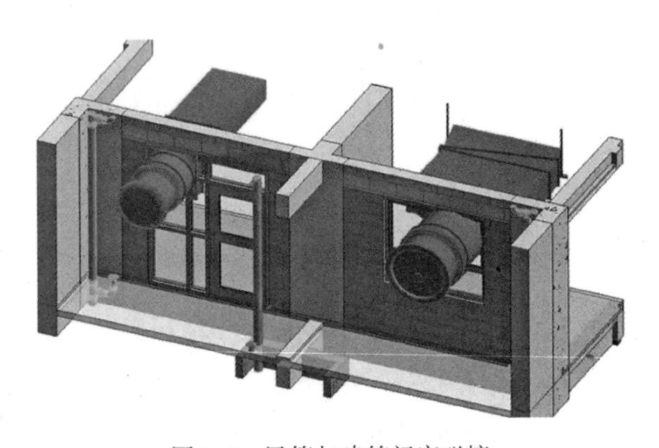

图 3-4　风管与建筑门窗碰撞

BIM 技术的另一特点是数据的关联性。在建模时将各数据参数与模型进行关联，此后这些数据便会相互关联，修改其中任一个数据，相关的数据及模型便会自动调整[133]。在项目实施后，可能会因为施工环境、施工技术等原因导致设计变更，传统的设计变更需要设计人员逐一修改每一条需要修改的数据，而基于 BIM 的数据关联性功能特点，设计变更可以高效无遗漏地完成。

3. 采购阶段的引入

通过 BIM 技术可以提高采购阶段的信息化程度，提高采购过程的技术含量，优化采购流程，使采购内容清晰明了，实现更有针对性和精确性的采购。基于 BIM 的招标采购流程如图 3-5 所示。

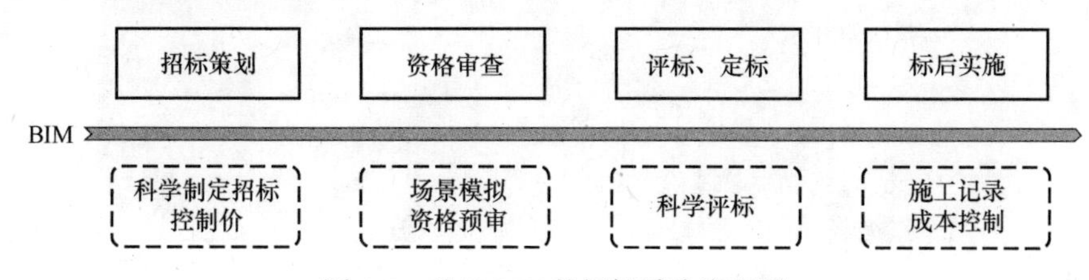

图 3-5　基于 BIM 的招标采购流程图

1）在招标策划阶段，BIM 技术的可视化、参数化特点使得编制的工程量清单更加准确，从而科学地确定相应的招标控制价。通过 BIM 技术，可以保证从设计环节到招标环节信息传递的完整性，提高了招标控制价的准确性。

2）在投标单位进行投标报价时，也可以基于设计方提供的 BIM 模型，提高投标报价的透明度，还可以通过 BIM 技术进行施工方案的展示，便于招标方了解每个投标单位的价格及工艺，这样的报价才能体现投标单位的技术和管理水平[134]。

3）在评标阶段，BIM 技术可以进行施工方案的展示，同时 BIM 技术的数据化可以使招标方对投标文件进行详细的比较，更加科学地评标，选择综合条件更好的公司，为项目的顺利实施打下基础。

4）在评标后，中标单位可以先基于 BIM 进行施工模拟，借助其可视化和仿真性提前发现施工过程中的错误，及时修改，避免在后期的施工过程中的反复修改，耽误施工进度。除此之外，可以更合理地确定采购材料的数量和批次，并且对物资采购、存储、使用进行精准计划，实现材料的精益管理，从而控制项目的建设成本。

4. 施工阶段的引入

在工程项目施工阶段，可以利用 BIM 技术进行施工模拟，先在计算机上模拟实际的施工过程。仿真模拟技术可以利用互联网、传感器、大数据等数字技术在计算机中的空间构建与实际工程类似的工程环境，并且进行动态分析，如图 3-6 和图 3-7 所示。在这个过程中，施工单位可以提前发现并排除在实际操作中可能存在的缺陷或潜在的隐患；可以对施工工艺进行调整改进，通过对不同施工方案的比较，选择最优的施工方案，从而减少项目施工后的修改，保证项目进度的同时控制了项目的成本。

图 3-6 施工动态模拟（基坑开挖）

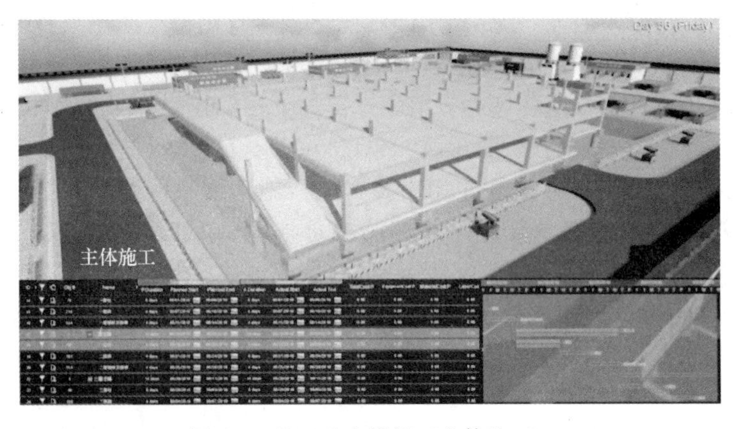

图 3-7 施工动态模拟（主体施工）

除此之外，施工阶段的 BIM 应用还包括：BIM4D、进度分析、资源和成本分析、BIM+VR、BIM 安全管理等。

5. 运维阶段的引入

将运维管理与 BIM 技术有效结合起来后，运维管理人员结构趋于简单化，管理部门也可以逐渐缩减，降低运维成本，同时提高运维管理的效率[133]。

对于建筑后期的运维而言，需要竣工验收交付的 BIM 模型及其蕴含的丰富信息作为运维管理的数据信息基础。在 BIM 应用背景下，项目的竣工交付阶段，向业主移交的 BIM 模型中可以提供包含设备信息、材料信息等与运营维护相关的其余信息。模型中汇总了决策、设计、采购、施工各阶段的全部信息，通过

BIM传递数据可以保证数据的完整性、真实性，保证了最后提供的竣工模型与项目实际信息的一致性，为项目后期运维管理提供数据支持。同时，BIM在运维阶段的应用需要依靠各类物联网传感器设备以及其他各种设备，而这些设备恰好需要在设计阶段进行设计、施工阶段进行预埋。

综上所述，BIM的多阶段引入实现的是建设项目全生命周期的集成应用，能够打破阶段信息壁垒，实现项目建设的各参与方在消除信息孤岛的环境下协同工作。运维管理作为BIM应用的建设项目最后一个阶段，需要系统地、有规划地多阶段引入BIM，通过决策、设计、施工阶段不断叠加的BIM模型获得信息化运维管理的数据基础。

3.2.2　BIM的多主体引入

BIM的突出优势表现为信息集中化的存取和多类型文件标准化的交换方式能够满足项目各方对海量信息的需求。美国国家建筑信息模型标准NBIMS认为，BIM是对设施的物理及功能特征的一种数字化表达。BIM是对设施信息、知识资源的共享，在该设施的全生命周期，即从项目的早期概念阶段直至项目的拆除，为决策提供可靠的基础。其前提是在项目的全生命周期，不同的利益相关方通过合作，在BIM中对设施的信息进行插入、提取、更新或修改等操作，以支持或影响各自角色的职责[135]。

通过BIM多阶段引入，从建筑的决策、设计、施工、运维直至建筑全生命周期的终结，各种信息始终整合于一个三维模型信息数据库中。前期咨询、设计团队、施工单位、运维部门和业主等多方主体可以基于BIM进行协同工作，有效提高工作效率、节省资源、降低成本，如图3-8所示。

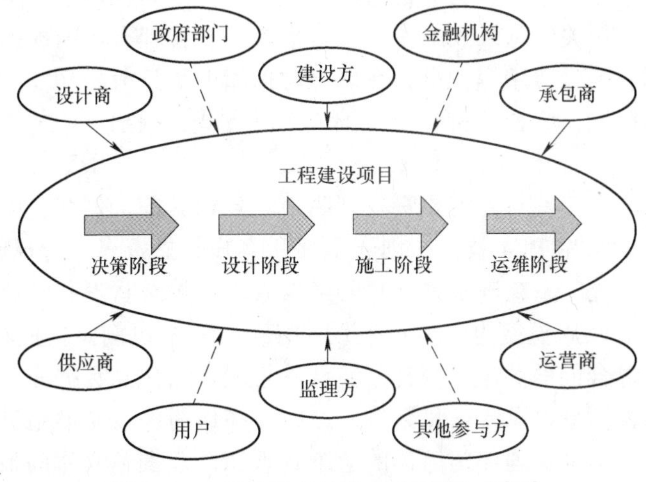

图3-8　工程建设项目的全过程参与方[136]

运维管理也涉及各类参与方，根据其参与程度的差异可以划分为关联参与方、直接参与方，如图 3-9 所示，阴影表示关联参与方，非阴影表示直接参与方。不同的参与方在运维管理中的职责和权限不同。

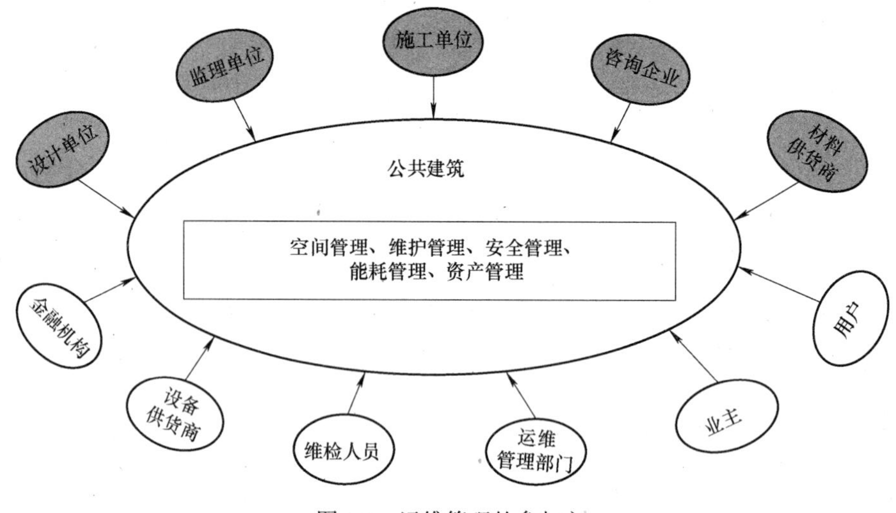

图 3-9 运维管理的参与方

关联参与方主要是在运维阶段之前对 BIM 模型进行信息迭代，在竣工交付时为运维管理提供竣工版 BIM，在运维阶段，他们较少涉及具体的运维管理工作，但关联参与方对基于 BIM 的三维模型信息数据库建立的重要性不容忽视。例如，施工单位负责施工阶段的材料采购，主要包括设备、设施、备品备件、相关软件等，需将采购内容的相关信息录入信息数据库并维护，这样运维人员才能基于信息数据库进行设备、设施的安装、维护工作，包括日常巡视维护工作、维修工作、相关信息录入工作等。运维的成本管理人员则根据采购人员录入的价格数据和维保费用等信息，在信息数据库的统计分析功能的帮助下进行成本的测算和控制，综合分析降低运维成本的方式，提出节约成本的方法，进行运维的成本管理。

运维管理的直接参与方需要责权利明晰，各司其职。例如，奥运村项目在运营管理过程中采用 BIM 技术，创建了面向客户、投资者、管理者、经营者、服务者的服务系统。系统围绕着项目的经营管理、设备管理和物业管理等主要内容，建立基于 BIM 模型的操作平台并开展工作[101]。再例如，业主方的合约管理人员主要负责合同的草拟、修订、签订并将之录入信息数据库，跟踪合同执行情况，将相关信息也录入信息数据库，将存在纠纷的设备设施进行标注，并进行跟踪管理。运维管理部门组建的运维管理团队掌握数据库的最高权限，可以通过数据库查看合约执行情况并制定针对性的应对方案进行管理和决策，根据统计分析功能提供的数据进行综合分析，提出运维管理团队存在问题及改进建议，管理人员做出决策后将信息下达，要求相关人员执行决策并及时反馈，从而实现公共建筑运维管理的合理运行及持续改进。

综上所述，BIM的多主体引入使得基于BIM的运维管理所需要的数据信息得到多维度的更新与完善，同时，也为多主体信息共享、高效率实现运维管理提供了组织保障。BIM多主体引入所涉及的运维管理模式及管理流程将通过本书第4章予以深入阐述。

3.2.3 BIM的多元化引入

BIM是建筑业信息化的技术基础。但仅有BIM是不够的，还需要增强大数据、5G、云计算、物联网等数字信息新技术与BIM的集成应用，如图3-10所示。

图3-10 BIM的多元化引入

1. BIM+大数据

大数据技术是利用日常生活、工作中产生的各种数据信息，由不同部门、专业以特定的形式进行统计汇总，并加以归类、注释、解读、利用，从而对未来的工作起到一定的预测、指导作用的科学技术。换言之，大数据技术本质就是将各类杂乱无章的海量数据转化为有用的信息，以此进行流程优化或者作为决策依据，切实有效地帮助使用者开展生产工作[137]。

对于建筑行业而言，项目在全生命周期中将会产生大量的数据，而这些数据来自项目建设的各个阶段、不同的参与方，因此这些数据不仅仅数量多，而且较为零散，因此数据的收集、整合、传输、共享都较为困难，同时因为这些数据质量参差不齐，因此价值挖掘也较为困难。

“BIM+大数据”可以针对性地解决这些数据难题。BIM 首先解决数据收集难、共享难的问题。BIM 技术的应用在设计、施工阶段能够产生巨大的经济效益。在运营维护阶段，由于 BIM 自身数据载体的特性，延续到运维阶段也能产生巨大的价值。结合大数据技术，BIM 能够高效率地对海量数据进行归类、注释、解读、利用。为顺应大数据时代的潮流，必须进行运维管理数据资源的深度优化，为数据资源的整体发展提供新鲜的科技动力。

2. BIM+5G

第五代移动通信网络（5th Generation Mobile Networks，5G）是具有高速率、低时延和大连接特点的新一代宽带移动通信技术，是实现人机物互联的网络基础设施。5G 是在 1G~4G 基础上的再一次飞跃（图 3-11）。随着 5G 的快速发展，未来 5G 网络的传输速度理论上可达到 10Gbit/s，互联网传输将不再受速度的限制。5G 解决了超高速数据传输问题，满足了客户高速度、高密度、高转换的需求，为实现万物互联、云计算、3D 场景呈现等技术奠定网络基础。在过去，因为 3D 技术存在难以储存、难以传输较大文件的问题，所以 BIM 的应用始终难以推广。现在，由于 5G 技术的出现、云存储技术的进步，存储和传输 3D 信息将毫不费力，这将助力 BIM 的推广和应用。

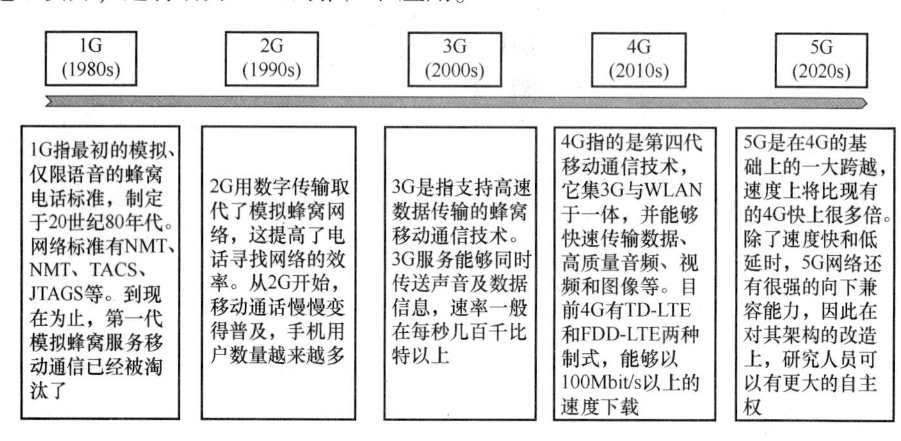

图 3-11　移动通信网络的发展

“BIM+5G”能够解决 BIM 储存和传输的问题。在传统的运维信息化管理中，虽然同样可以实现对运维现场的扫描，收集运维现场的各类数据，但是因为存储空间有限，不能实现高频次的扫描，所以难以精准地实现动态扫描、动态监控；同时，由于传输速度较慢，往往运维现场的各类数据难以快速地传输到运维管理者手中，导致管理者收到的数据往往是之前采集的，不利于管理者动态及时地了解建筑物、设备的工况。“BIM+5G”能够针对这些问题进行改进：智慧监控、高频扫描、数据传输与处理、无线传感，实现动态性、时效性与精准性的运维智能管理[138]。

3. BIM+GIS

地理信息系统（Geographic Information System，GIS）是在计算机硬、软件系统支持下，对整个或部分地球表层（包括大气层）空间中的有关地理分布数据进行采集、储存、管理、运算、分析、显示和描述的技术系统[139]。GIS 最大的特点便是直观性，通过直观的地理图形来反映地理信息。

GIS 的核心是获取与地理位置相关的各种数据，BIM 的核心是获取与建筑相关的各类数据，“BIM+GIS”能够实现彼此功能、数据的延伸和拓展。“BIM+GIS”已在城市规划、城市交通分析、城市微环境分析、市政管网管理、居住区规划、数字防灾、现有建筑改造等多个领域得到应用。相比 BIM 及 GIS 的单独应用，“BIM+GIS”在建模质量、分析精度、决策效率和成本控制水平等方面有显著提升，两种数据的集成实现了“1+1>2”的效果。

目前，“BIM+GIS”的应用主要集中在设计和施工阶段。实际上，“BIM+GIS”可以解决公共建筑和基础设施的运维问题。例如，通过 GIS 可以了解建筑物受周边环境的影响程度，从而实现环境及建筑的动态管理。还可以将 GIS 的导航功能扩展到室内辅助空间管理。例如通过 BIM 对室内的空间信息进行建模，再结合相应的物联网检测设备，确保在发生紧急情况时，系统根据目前的情况，为使用者规划室内的最佳逃生路线。在昆明新机场项目中开发的机场航站楼运维管理系统中，“BIM+GIS”在航站楼物业管理、设备机电运维、机场物流系统、库存管理、设备报修与机场巡检等方面已有良好的应用。

4. BIM+IoT

物联网（Internet of Things，IoT）是一个通过各类硬件设备和技术，如无线射频（Radio Frequency Identification，RFID）技术、各类传感器、无人机、激光扫描仪和其他设备（图 3-12），来对目标物体进行智能识别、定位、监控和管理的网络。物联网技术的核心是底层数据和信息的获取，因此要想进一步利用数据，则需要将物联网设备连接到互联网中，根据网络协议进行信息交互，从而完成信息的集成和应用。

在建筑业中，“BIM+IoT”让建筑信息的收集更加全面、精准，从而提高项目管理的整体水平。BIM 通过建筑模型来集成、展示建筑物的相关信息，具有信息集成、交互、显示和管理的上层功能；IoT 技术则是通过各类硬件设备获取、传输各类信息，具有信息感知、采集、传输和监控的底层功能。因此通过“BIM+IoT”可以将上层与底层信息进行贯通，在整个工程项目管理过程中形成“闭环信息流”，将IoT技术采集到的外部信息汇总到BIM中，在BIM中又将各类信息数据进行可视化展示，实现了外部环境信息与内部管理系统的有机集成。

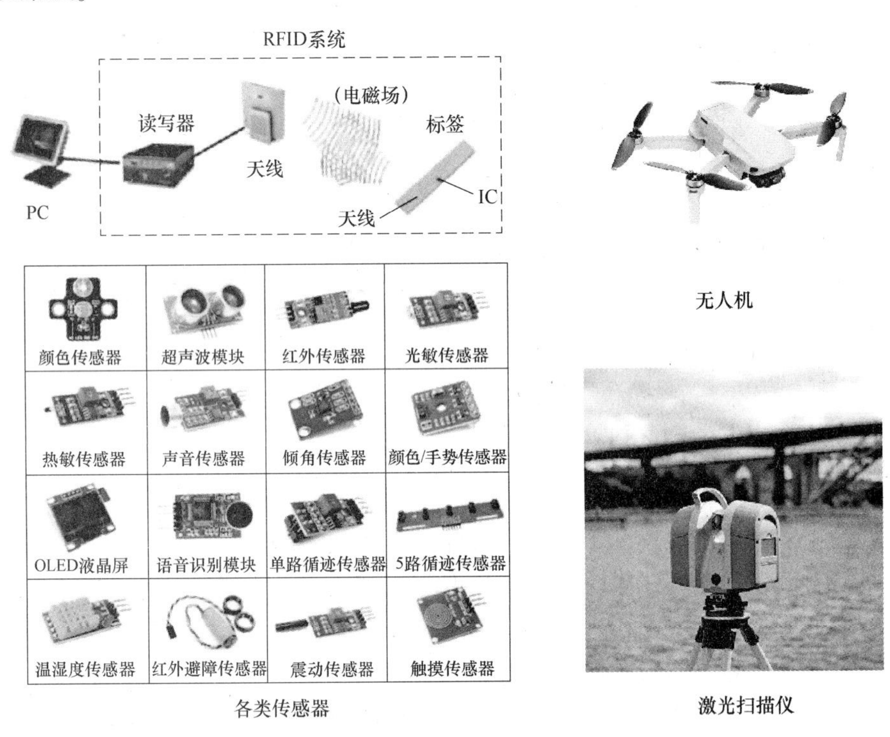

图 3-12　部分物联网硬件设备

目前“BIM+IoT”已应用于建设项目的施工及运维阶段。在项目施工阶段，通过“BIM+IoT”可以提高施工现场的安全管理、成本管理、质量管理的能力和水平，优化施工进度安排等，从而提高建设项目整体的施工水平。“BIM+IoT”在施工现场安全管理中的部分应用场景如图3-13所示。

在建设项目的运维阶段，“BIM+IoT”可以提高建筑以及设备的日常维护效率，同时减少运维的成本，为智能化运维提供支持。例如通过烟雾传感器、温度传感器等实现建筑物火情的自动监测，当烟雾浓度超过预设值时，运维系统自动进行报警、定位，并且立刻开启消防喷淋设备，将火情快速遏制住，避免造成严重的后果和损失。再如，将无线射频芯片植入工卡，利用无线终端来定位保安的具体方位，在商业综合体、食堂、医院等人流量大、场地面积大、突发情况多的环境中，管理人员可以加强对安保工作的指挥管理，当发生险情时，可以及时调动人员应对突发状况。

图 3-13 “BIM+IoT”在施工现场安全管理中的部分应用场景

5. BIM+3D 扫描

3D 扫描是三维激光扫描技术的简称，是集光学、力学、电学和计算机技术于一体的高新技术，它具有测量速度快、精度高、使用方便等优点，其测量结果可直接与各种软件进行对接。3D 扫描技术的工作原理是利用高速激光扫描测量物体，通过点、线、面的信息获取物体表面的空间三维坐标数据，然后通过获取的数据快速重建目标的三维模型，在计算机上再现目标物体的真实形态特征。

3D 扫描在古建筑维护修缮中具有很高的应用价值。2006 年，曾有科研人员利用三维激光扫描仪，完成了对乐山大佛表面数据的高精度采集。数据采集人员根据项目的实际需要，在观景台、栈道、大佛腿部、凌云山四处设站扫描，将整个大佛及崖壁的所有扫描数据通过软件拼接，得到乐山大佛完整的三维点云数据。这次扫描工作帮助人们全方位地了解大佛，同时为大佛后期的维护、修缮工作奠定了坚实的基础。

此外，对于复杂构件，人工建模非常复杂，此时可通过“BIM+3D 扫描”来获取复杂构件的真实信息。只需用激光扫描仪对构件进行一次扫描，关于构件的信息便全在计算机中，供使用者使用。

“BIM+3D 扫描”在工程领域得到了越来越多的应用，其在施工质量检测、辅助实际工程统计、钢结构预装配、文物保护等方面都具有重要的应用价值。

对于已竣工建筑的运维管理，即使竣工图缺失，也可借助“BIM+3D 扫描”采集建筑物和管线立体空间的点云数据，据此生成 BIM 模型[140]，对扫描物体做到一比一的还原，在此基础上建立的 BIM 运维模型，数据的高精度有助于精准运维。

6. BIM+云计算

云计算是一种基于互联网的计算方法，通过云计算可以将软件、硬件和信息资源根据需要共享给其他计算机和其他终端，从而突破资源的限制。随着信息技术的发展，大量数据信息产生的同时，对于计算能力、存储能力、传输能力的需求越来越高，让每一个信息使用者都具备相应的硬件能力是很难实现的，因此“云”应运而生，通过云计算可以以较低的成本实现数据的储存、计算和传输，不仅节约了成本，更提升了数据使用效率。

BIM 作为建筑业信息化的技术支撑，同样存在着对数据计算、存储、传输的需求。“BIM+云计算”就是利用云计算的优势，将 BIM 应用转化为 BIM 云服务，方便使用和共享。云计算强大的计算能力和存储传输能力能够有效克服 BIM 的短板，基于云计算强大的计算能力，BIM 应用可以将大量复杂的工作转移到云上，提高计算效率，克服了 BIM 应用需要强大硬件支持的问题。基于云计算的大规模数据存储和传输能力，BIM 和相关业务数据可以同步到云上，通过访问云端，用户无论是在计算机端还是在移动端，都可以随时调用这些数据，使 BIM 能够走出办公室。用户可以在施工现场随时通过移动设备连接云服务，及时获取所需的 BIM 数据和服务，克服了因 BIM 数据量庞大而难以快速传输的问题[141]。

云计算在 BIM 运维的应用具有以下优势：

1）解除地域限制。云端共享技术使人们不再受地理空间的限制，不论在办公室还是管理现场，由于信息并不是绑定在某个具体的服务器上，因此只要有网络，就可以在任何地方通过访问服务器获得数据信息。这就意味着管理人员可以离开办公室，在公共建筑现场通过移动设备访问 BIM 模型进行运维管理。

2）跨专业协同与共享。云计算让运维团队成员的协同工作得到极大的改变。由于模型存储在云端数据库，所有人都可以通过网络链接进行访问，获取模型数据，节约了时间成本，减少了下载或交换变化后模型的时间。此外，由于云计算的数据是共享的，云端的模型可以随着模型的改变自动更新，不需要重新发布、共享模型。减少了工作量，提高了工作效率。

3）灵活的数据存储。由于 BIM 模型含有大量的建筑信息数据，会占用服务器大量的空间。当选择在云端存储模型时，可以节省大量的本地服务器的空间。运维团队只需要购买本地服务器，再根据运维需求购买云端存储空间。如此一来，节省了购买服务器的费用，数据的保存则更加灵活高效。

4）成本节约。在经济上产生的效益最能体现技术的价值。由 2009 年博思艾伦咨询公司发布的研究结果显示，传统的计算机模式转换为云计算模式，可以节省高达 67%的服务器的生命周期成本。因此，当大型公共建筑运维管理公司采用云计算时，可大大减少在IT基础设施运行和维护方面的支出。

5）易于实施与维护。云计算的应用可以摆脱传统的应用安装程序，由于数据都储存在云中，计算机、手机等设施端只要连接网络便可获取数据，不需要将数据储存在计算机设备中，通过网页就可以实现对数据的访问，相应地，也就减少了计算机维护工作。

7. BIM+区块链

区块链是由很多独立的节点共同参与维护的分布式数据库系统，具有不易篡改、难以伪造、可以追溯等特点[142]。区块链技术的核心思想是“去中心化”，在区块链中记录的数据信息对于区块链中的所有节点都是公开透明的，每个人都掌握着区块链中所有的信息，不存在某一关键节点刻意隐瞒信息的可能。正因为区块链技术具备去中心化、公开透明的特点，所以当某些领域、工作需要做到公平公开时，区块链技术会是一个非常好的选择。

区块链技术通过去中心化、加密共识等技术特点提供了一种行业信任机制，这几乎影响了所有具备信息化技术的行业。区块链技术对于建筑业的影响同样巨大，尤其是在目前建筑业逐渐迈向全面信息化的阶段。工程项目在建设过程中往往涉及多阶段、多参与方，大量的信息会在各个阶段、各参与方之间反复传输和使用，而且各参与方之间往往利益目标不同。因此如何保证信息的安全是极其重要的，如果不解决信息安全问题将严重影响工程的信息共享，区块链技术是这个问题的最优解。“BIM+区块链”因其去中心化、公开透明的特点，能够在保证信息安全的同时，让所有人能够共享信息。在过去所有的管理思想中，虽然一直提倡进行信息共享，从而加强各方之间的沟通协作能力，但是如何保证信息安全则是一个难题，参与方始终担心自己的信息被他人恶意篡改或者利用，因此信息共享迟迟没有真正实现。现在“BIM+区块链”的出现将会深化建筑业之间的信息共享程度，通过其去中心化的特点，可以有效解决参与者多、信息量大的问题；再通过其安全透明、不易篡改的特点，解决项目参与方之间信任问题；最后，通过区块链所具备的智能合约机制，解决项目各个参与方之间收益纠纷的问题[143]，从而加强项目参与各方之间的协调性，全面提升建设工程项目的管理效率。

区块链的上述特性在BIM运维管理中可以很好地解决信息（数据）共享与不同部门信息（数据）管理权限的矛盾。

8. BIM+VR

虚拟现实（Virtual Reality，VR）又称虚拟环境或虚拟现实环境，是一种集先进的计算机技术、传感测量技术、仿真技术、微电子技术等为一体的三维环境技术，通过这些技术模拟真实的听觉、触觉等感官环境，从而形成虚拟世界。

虚拟现实技术是利用计算机及相关外部硬件对复杂数据进行可视化操作，让使用者有身临其境之感。与传统的人机界面相比，VR 在技术思维及使用体验上有了质的飞跃。

“BIM+VR”在建设项目施工阶段应用范围很广，包括施工场地布置模拟、施工进度模拟、复杂的局部施工方案模拟、施工成本模拟、多维模型信息模拟和交互式场景漫游等。其目的是应用虚拟现实技术辅助 BIM 更好地进行建设项目管理，提高项目建设的质量和水平。“BIM+VR”可以有效地实现项目成本和进度控制：通过仿真技术，可以实现对工程施工过程的模拟，可以在实际施工前判断施工方案的可行性和合理性；通过可视化技术提前发现施工中的问题，减少或避免了设计中的大部分误差，从而减少返工的现象，减少人力财力的消耗，控制了项目成本；同时因为减少了返工，可以保证项目按照进度进行施工，提高了编制施工计划的准确性。

“BIM+VR”在运维管理中应用是大势所趋。首先，数据资源的三维可视化技术已经成熟，大量的内容已经被生产出来，只差相应的硬件来实现 VR 的应用；其次，数据资源本身不是一个可以随意进入的区域，而且随着运维管理数据规模的日益扩大，早已无法依靠人力去巡视和管理；最后，运维管理需要高沉浸感的体验方式，例如通过手柄，可以选择需要进入的区域、楼层和房间，还可以打开机柜，查看设备、板卡，进行设备上下架的操作等。虽说在 PC 屏幕上操作三维可视化系统已经是非常清晰直观了，但是采用 VR 技术，能让管理者身临其境，仿佛在建筑物内行走巡视，对公共建筑中的建筑和设备进行运维管理，能够轻易发现 PC 屏幕上难以发现的问题，从而提高运维管理的效率。

9. BIM+AI

人工智能（Artificial Intelligence，AI）是研究如何模拟、延伸和扩展人类智能的一门新的科学技术，其中包括对理论、方法、技术及应用系统的研究。AI 是计算机科学的一个分支，其研究目的是了解人类智能的实质和运行机制，并以此为基础设计一种能模拟人类思考过程、智能模式的机器程序。

BIM 的诞生加快了建筑业朝着数据化、自动化、智慧化方向发展的步伐，未来建筑业的发展方向也必将围绕着 BIM 展开，但是目前 BIM 在应用过程中仍有一些难点亟待解决[144]：

1）BIM 涉及的工程阶段多、专业跨度大、专业数量多，在各专业的协作方面需要更上一级的人员来进行统筹管理，从而使各专业有条不紊地完成专业工作，这要求 BIM 管理者必须了解各个专业的工作特性和工作进度，把控策略，但是这需要花费大量的时间和精力去学习。

2）BIM 能够将建筑全生命周期中产生的各种信息进行统一化的储存和管

理，这是BIM的特征，也是其工作的基础，所以在BIM中，涉及的数据量，尤其是大型项目的数据量，将会是一个不可估量的数值。传统的人力管理存在效率低、出错概率大的缺点，如果无法解决，可能导致BIM的使用效率极低，阻碍BIM在建筑全生命周期中的全面应用。

“BIM+AI”恰好能针对BIM的以上两点，进行改进。首先，经过训练的AI能够帮助使用者高效准确地完成部分专业跨度大、技术难度大，但是有着明确标准的工作。比如基于专家系统，可以开发相应的图纸审查系统，完成BIM的图纸审查。传统的图纸审查需要消耗大量的人力资源，要求审图人员具有完备的专业知识和丰富的实际工程经验，并且在审查过程中考虑到人为因素的干扰，还可能出现误判、漏判的问题。为了提高图纸审查效率和审查正确率，需要先结合图纸审查的工作标准，将这些标准转换成计算机语言并输入图纸审查系统中，让程序具备初步的判定标准和计算架构，再以大量的工程数据和专业知识库作为基础，让程序能够充分的自我学习、自我完善，从而形成一个“身经百战”的“审图专家”。通过“BIM+AI”能弥补传统审图流程过程中审图效率低、错误率高的短板，从而提高图纸审查速度和审查的正确率。“BIM+AI”不仅可以用于审图工作，在未来，使用基于AI技术和BIM技术搭建的各类系统可能会成为未来工程领域的主流研究方向，从而提升项目建设的整体水平。

其次，AI技术具备极强的计算能力，能够帮助使用者完成大量数据的统计、计算，比如通过神经网络实现BIM项目的成本预测。BIM具备强大的碰撞测试能力和工程量化统计能力，能够快速计算工程量和工程成本情况。现阶段BIM技术大多用于大型项目的全周期建设过程，而大型项目往往具有工程规模大、工作周期长、技术难度大、工种数量多等特点，因此成本管理工作的工作量十分巨大，传统的人力计算需要大量的人力资源，效率极低。鉴于此，可以应用“BIM+AI”，通过一定的程序设定和自我学习，AI能够对海量的数据进行统计分析，从而完成成本计算和预测，计算效率高的同时错误率也极低。

综上所述，BIM的多元化引入是将各种先进的技术与建筑信息模型结合，形成一个功能更加强大的综合平台，以解决建筑全生命周期中存在的各种问题，提高建设项目的管理效率，同时降低管理成本。

3.3 基于“BIM+”的公共建筑运维管理

据统计，美国每年由于不充分的信息传递和可交互性问题在运维阶段大约花费200亿美元[79]。随着信息化的发展，信息的协同共享性在建筑运维管理中愈发重要，不同的专业部门应及时在运维管理平台上进行数据的共享和更新，以便运维管理人员进行信息管理工作。信息化的发展从本质上改善了传统运维模式的弊端，使得传统的运维管理从低效率的手动过程转变为更加现代、更加方便快捷的数字信息过程，这一转变不仅大大提高了物业运维管理的效率，还减少了运营成本[83]。

有效的建筑运维管理需要以准确详尽的运维信息为基础，是一种高效智能的信息化管理[145]。BIM 作为建筑全生命周期的共享基础数据源，在建筑运维阶段需要充分挖掘 BIM 的数据价值，这就要求在 BIM 的应用上不能再简单地局限于可视化的信息模型，而应该注重数据信息的集成化协同管理，基于 BIM 构建整个项目建设生命周期内随时进行修整、补充、完善的动态信息储备中心[133]。

在此意义上，定义“BIM+”的公共建筑运维管理：通过“BIM+多阶段”“BIM+多主体”“BIM+多元化”，基于 BIM 集成建设项目各阶段、各参与方的信息数据，集成多元化的数字信息技术，形成数据协同共享的新型 BIM 应用模式以提升公共建筑的信息化、智能化管理综合价值，实现公共建筑的空间管理、维护管理、安全管理、能耗管理和资产管理。

“BIM+”公共建筑运维管理构建了一个多专业协同配合的应用场景，如图 3-14 所示[146]。

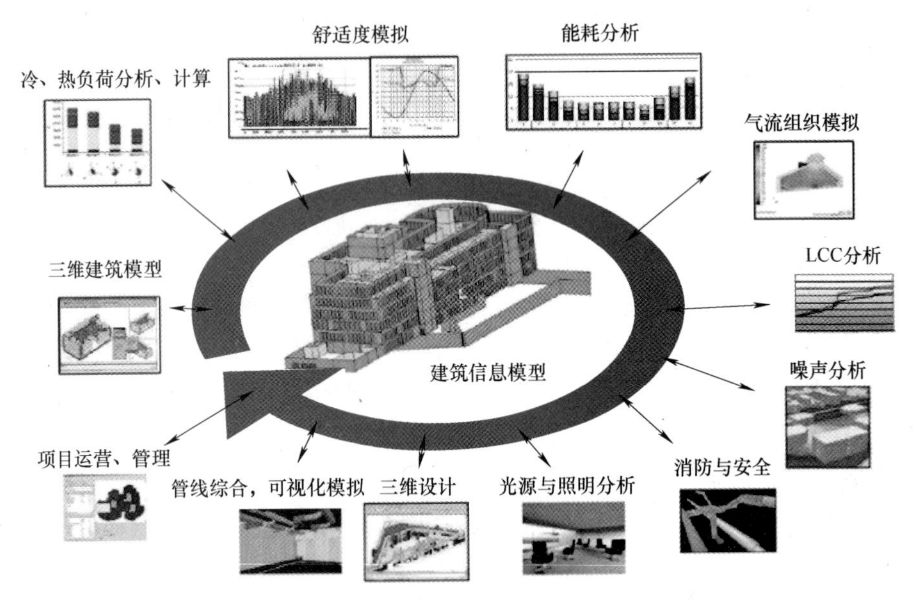

图 3-14 “BIM+”公共建筑运维管理多专业协同配合应用场景[146]

借助“BIM+”的强大功能，公共建筑运维管理人员可以集成、处理、利用建筑全生命周期信息指导公共建筑运维阶段管理工作的有序进行。通过“BIM+”，运维管理人员可以利用各类软硬件设备高效地收集建筑全生命周期信息，并使用计算机建立独立的数据库。这些数据库用于储存建筑运维数据信息，减少了不必要的人力成本和时间成本。利用“BIM+”可视化特点，运维人员能够将各类数据进行可视化展示，实现自动化、可视化、智能化的运维管理，保证建筑物及其设备设施处于最适当的工作状态，更好地发挥综合价值。针对出现问题的设备设施，运维人员能够及时进行更换，避免发生“短板效应”，以最少的资源进行设备设施维护，降低设备设施的损耗翻新率，达到降低维护成本的目的[8]。

第 4 章

基于“BIM+”的公共建筑运维管理系统

建筑业的各参与方越来越多地通过应用 BIM 来创新流程。这些流程不仅可优化设计，提高施工生产力，也可以提高运维阶段的管理价值。英国曼彻斯特的索尔福德大学（University of Salford）2008 年发表了《英国建筑业 BIM 展望》，其中指出：BIM 不只是一种设计方式，它更是一个合作平台。

BIM 协同管理平台主要是以 BIM 模型为基本载体，结合业务需求实现网络协同的功能平台。BIM 平台主要分为三类：第一类为 BIM 模型查看工具，主要提供在线查看建筑模型的功能，与业务结合不够紧密；第二类为 BIM 平台类产品，可以导入建筑模型，并且在此基础上进行开发的平台，即将业务功能与 BIM 场景进行结合，集成开发实现 BIM 应用系统；第三类为 BIM 引擎，将 BIM 模型的展示、操作、信息提取等功能进行封装，以 API 的形式开放给第三方开发者，与业务系统完整分离[147]。

BIM 目前还未进入系统化应用阶段，协同管理平台的应用并不深入，与 BIM 的融合度还不高，主要集中于结合模型进行业务流程优化、协同管理等初级应用，以模型可视化辅助应用为主。随着网络传输技术、信息技术和 BIM 技术的发展，协同应用将更加深入，模型信息将更加全面地集成应用，从可视化应用阶段进入信息应用阶段。

本章通过搭建基于“BIM+”公共建筑运维管理系统的基础框架，落实各层次的主要功能及实现途径，并建立与之相适应的运维管理模式及流程，为实现基于“BIM+”的公共建筑运维管理打下基础。

4.1 基于“BIM+”公共建筑运维管理系统的基础框架

4.1.1 设计思路

公共建筑运营期占建筑物生命周期的绝大部分，同时也是发生费用最高的一个阶段，这个时期既需要继承和应用设计和施工阶段的大量信息，也需要不断接收和处理运营阶段产生的运维信息，巨量的信息、多样的格式、长久的时间跨度增加了运维管理的难度。而基于“BIM+”公共建筑运维管理系统的核心就是这些信息的应用，即数据的集成和共享。“BIM+”应用于公共建筑运维管理的基础框架构建应该考虑以下几点。

1. 数据集成与共享

在运维过程中，不同公司开发的不同软件产生的数据格式不尽相同，基于同一平台的不同子系统产生的数据格式也可能不同。为了实现基于BIM技术的数据和其他格式数据的集成和共享，让设计阶段和施工阶段的有效数据能为运维阶段使用，避免运营期的重新查找和输入，就需要建立一个能在项目全生命周期都能使用的数据库，保证各个阶段数据的收集、集成、共享及应用。这也是BIM技术应用于公共建筑运维管理框架的基石。

2. 功能的实现

数据只有变成信息并应用才能创造价值，才能有存在的意义，而数据的应用就是把有效的数据提供给运维管理的各个功能子系统，保证各子系统功能的实现，因此基础框架的中间层应为功能层，其主要目标是为了实现运维管理中各种功能和各系统的集成[74]。

3. 客户端的设置

客户端是直接与客户接触的端口，其主要目的是提供最好的客户体验和通过权限设置来保证信息安全。在运维过程中，让使用者有更好的用户体验是系统能够存在的基础，只有做好了用户体验才能留住客户。另外客户端也要保证数据安全，让不同级别的用户访问不同的数据是运维管理系统的前置条件。

4.1.2　基础框架

目前已有基于BIM技术的管理系统在公共建筑运维管理阶段的尝试，给运维管理带来了效益。“BIM+”能够更好地进行数据收集、整理、分析、共享并应用，深度挖掘信息技术在建筑运维管理的潜在应用价值，更好地实现管理的智能化，降低管理费用，提升管理效率。

为了落实各层次的主要功能及实现途径，结合设计思路，搭建基于“BIM+”公共建筑运维管理系统的基础框架，如图4-1所示。

1. 物理层

物理层主要针对公共建筑及设备设施，实际是建筑现场层，是公共建筑运维管理系统所有现场运维数据的来源，也是系统管理动作效果的直接体现[82]。

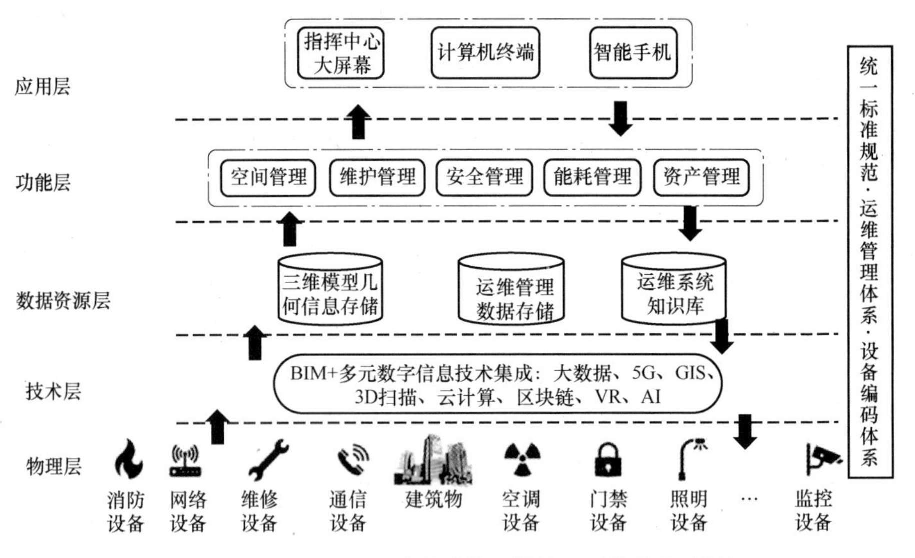

图 4-1　基于“BIM+”公共建筑运维管理系统的基础框架

2. 技术层

技术层实现“BIM+”多技术（大数据、5G、GIS、3D 扫描、云计算、区块链、VR、AI）集成，为资源集成提供技术支撑，如图 4-2 所示。

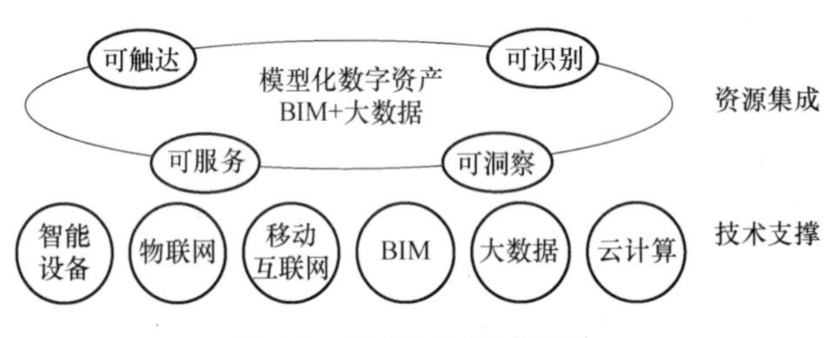

图 4-2　技术层的功能示意

3. 数据资源层

数据资源层主要完成公共建筑运维管理系统的数据统一处理和存储，实现数据的集成和共享。数据不仅包括规划阶段、设计阶段和施工阶段的信息，还包括运维过程中产生的信息，这些巨量的信息需要通过数据资源层进行数据的储存和管理，并根据要求进行调取。数据资源层获取数字化信息的路径如图 4-3 所示。

公共建筑建设全过程产生了海量信息，现在普遍采用的是在竣工阶段直接移交竣工档案以及建设期 BIM 相关资料。这种方式信息量过于庞大，难以精准迎合运维需求，进而带来巨大的数据筛选和验证成本，且大幅增加运维阶段使用数据的软硬件成本。因此，首先应分析运维的工作场景，然后从工作场景出发，逐个梳理涉及的参与方的工作流及信息输入。基于上述数据资源层获取数字化信息的路径，可以将公共建筑数字化竣工交付对象定义为以模型为载体，建筑物属性和其他交付文档以数据参数进行集成的综合数字资产。模型表达建筑物的几何属性，属性参数表达建筑物的非几何属性，两者涵盖了运维场景中输入的静态空间信息、参数信息和建筑关系，文档是运维所需的说明性文件，补充了运维中可能涉及的技术环节信息，三者共同构建了智慧运维的重要数据基础[148]。

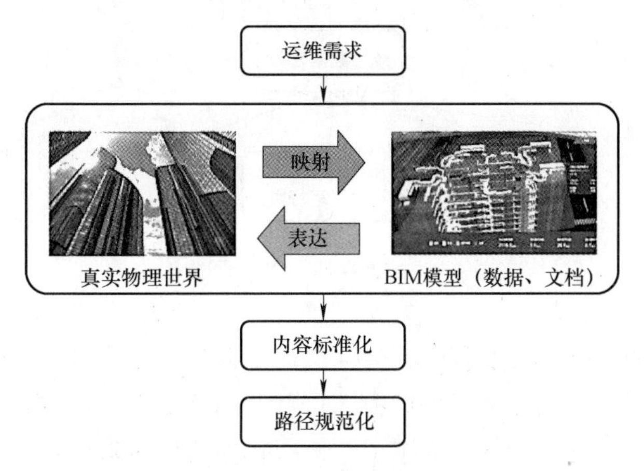

图 4-3　数据资源层获取数字化信息的路径

数据资源层就是通过 BIM 模型为公共建筑运维管理提供一个基础信息构架，准确地对建筑物各部位、设备设施进行描述，主要包括建筑的几何信息和非几何信息。其中几何信息包括：建筑信息中的建筑构件、结构构件等；设备设施信息中的管道、机械、强弱电和消防、暖通系统；空间信息中的建筑、楼层、房间和区域信息。非几何信息包括：构件的编号、名称、分组、材料信息；设备设施的基本属性，即编号、采购、维保、备件、使用情况等；设备设施的状态属性，即运行状态、运行历史、维护历史、限值、功率、能耗等；建筑涉及的文件资料，如设备设施的合格证、保修文件、操作和使用说明等；相关建筑的制度文件，即工作流程、应急预案等；建筑的相关人员，包括管理人员、经营人员的姓名、职责、分组、工作状态等信息[8]。

上述数据信息在进行实体属性识别和统一编码处理后，在数据资源层实现 BIM 与运维阶段的信息融合。数据存储分为三维模型几何信息存储、运维管理数据存储和运维系统知识库[82]，如图 4-4 所示。

公共建筑在前期的建设过程中存在大量的建筑数据，如勘察设计信息、规划信息、构件几何信息、建筑材料信息等，这些工程信息为建筑后期的运维管理提供极大的帮助。确保这些项目数据被完整交付至运维阶段，可以为运维管理方提供准确而充足的前期资料，便于日后查询和调取使用[86]。为此，需要提取竣工BIM模型及与实体关联的属性信息，将信息存储在三维模型几何信息和运维系统知识库中。

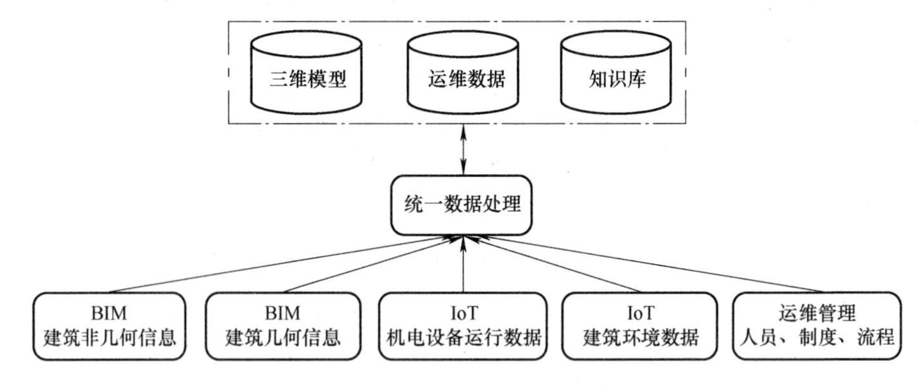

图4-4　数据存储入库示意图[82]

在建筑物的运维管理过程中，会动态产生大量涉及空间、维护、安全、能耗的运维管理信息；同时，也会产生大量财务预算信息、档案管理信息，如业主与各方的管理合同、协议，运维中产生的管理文件、会议记录、人员资料等信息。这些信息主要通过物理层、技术层对公共建筑现场实时采集运行工况等信息进行提取并在运维管理数据中存储。

为此，可以整理出不同类型工作场景下的运维管理核心功能需求及相应的信息输入要求，见表4-1。再从中总结出数字化竣工交付需求及交付对象，见表4-2。

表4-1　运维管理核心功能需求和信息输入[148]

信息输入	功能需求		
	建筑空间管理	设备设施管理	建筑关系管理
建筑物静态信息	建筑与空间识别	设备设施识别	设备与空间关系识别
			水管网（暖通、给水排水、消防）
			风管网（暖通、消防）
			供电网络
			空间交通网络

（续）

信息输入	功能需求		
	建筑空间管理	设备设施管理	建筑关系管理
建筑物静态信息、运维业务数据、弱电动态监控数据		设备智能控制	
		设备智能维保	
建筑物静态信息、运维业务数据	空间分组与组管理、空间属性编辑	维保信息记录	
建筑物静态信息、弱电动态监控数据		时变参数记录	数据采集网络

表 4-2　建筑物静态输入对应的竣工交付需求及交付对象[148]

运维功能需求	建筑物静态信息输入的数据名称	交付对象
建筑与空间识别	几何信息	模型
空间分组与组管理	基本信息（房间名称、业态类型）	属性参数
	几何信息	模型
设备设施识别	分类编码、设备编号	属性参数
	几何信息	模型
建筑关系管理	管网关系、基本信息	属性参数
	几何信息	模型
设备智能控制、设备智能维保	几何信息	模型
	基本信息、技术参数信息、产品信息（品牌、型号、生产厂商等）、维保信息（备品备件、使用年限、投用时间、保修年限、维保周期、维保厂商）、安装信息、管网关系	属性参数
	产品说明、维修保养手册、设备图纸、调试报告	文档

4. 功能层

功能层是运维相关业务逻辑与数据资源层的融合实现，对外体现为运维管理内容的实现。功能层是在数据资源层基础上搭建的多个子系统，主要是面向不同的应用需求，建立不同的功能应用，用以响应运维管理的需求。这些功能主要包括信息集成与互通、资产（空间）管理、能源及费用管理、设备运维管理、采购库存管理、公共安全管理及决策支持等（详见第3章3.1）。功能层成败的关键在于各功能的实现和各子系统的集成。

5. 应用层

在整体框架的最上层是应用层，是系统软件功能的客户端展现。它是与管理操作人员直接连接的界面，主要是允许不同权限的管理人员浏览不同的数据或进行不同权限的操作，同时提供较好的管理操作体验。

应用层根据授权的不同，为不同的管理人员提供所需要的数据信息资料，并且在授权范围内进行更新。比如，维保单位要对老旧的设施设备进行更换，则由被授权人员将新设备的信息完整地录入系统以替代原本的设备设施信息，并且记录下维保的时间，设置下次进行维保的提醒等[8]。

应用层应结合管理内容、管理业务统计分析要求，将建筑运维实时运行状态与 BIM 模型结合，为管理者提供立体空间视角，方便管理者随时洞察建筑设备运维态势。系统也支持 PC 端浏览器的建筑运维管理三维可视化应用。借助移动设备与管理者紧密结合的特点，系统可通过移动端 APP 将运维信息随时送达运维管理活动的相关人员。

4.2 基于“BIM+”的公共建筑运维管理流程

4.2.1 相关因素分析

应用“BIM+”进行公共建筑运维管理，需要与之配套的管理流程。这个流程的构建需要综合考虑多种因素，如图 4-5 所示。

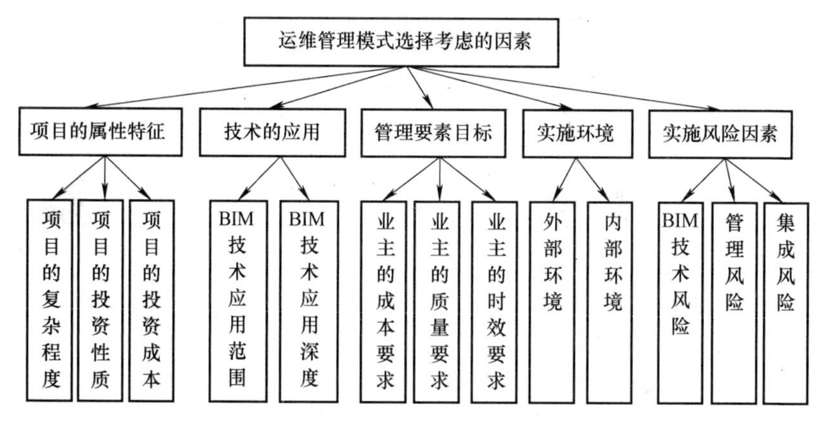

图 4-5 “BIM+”公共建筑运维管理模式选择需要考虑的因素

管理模式选择首先要考虑项目的公共建筑属性特征。属性特征首先是指公共建筑的分类归属（见表2-1），还包括公共建筑的复杂程度、投资性质、资金来源和成本等。不同类型的公共建筑需要实现的运维管理内容及侧重点是不同的。复杂程度主要指公共建筑的规模、用途、使用期限、设施情况、服务对象等；投资性质主要指公共建筑是营利性还是非营利性；资金来源是指公共建筑是政府投资还是民间投资。公共建筑属性特征的深入分析是确定管理模式的基础。

其次，要考虑技术应用的程度，包括技术应用的范围和深度两个方面。技术应用范围主要指运维管理功能实现过程中，涉及了哪些管理内容（见3.1）；技术应用深度是指“BIM+”涉及了哪些信息化技术（见3.2.3）。

第三要考虑管理要素目标。公共建筑的运维管理要素目标可以理解为功能层实现的管理内容（见3.1）。

第四要考虑运维管理的实施环境，这个环境包括外部环境和内部环境两类。其中，外部环境主要指市场经济环境，如技术发展水平、运维管理的成熟应用程度等；内部环境主要指管理团队的水平、操作人员的熟练度等。

第五要考虑实施风险因素。主要的风险因素有技术风险和管理风险。技术风险是指BIM技术开发与应用的可靠性、可行性；管理风险主要是指管理团队应用BIM的意识、能力的优劣。

在全面考虑了管理模式选择的影响因素后，才能根据实际情况决定怎样引入BIM技术进行运维管理，怎样建立运维管理团队，制定怎样的管理实施流程。

4.2.2　管理模式转变

建筑运维是一个充斥着大量数据和信息的管理过程，如果对这些数据进行粗放式管理，运维过程中产生的数据将不能产生应有的价值。BIM作为信息的载体，承载了建筑物和运维过程中的基本数据，通过互联网模式，实现建设过程信息采集以及数据分析处理，形成数据库，信息的及时性、准确性、唯一性得到了保障。基于“BIM+”构建的公共建筑运维管理系统，以数据资源层为核心实现建筑信息的实时共享，达到管理各部门协同工作与管理的目的，将网状的传统运维管理协同方式转变为图4-6所示的核心枢纽协同管理模式。

“BIM+”公共建筑运维管理系统是信息交流的平台和中心，是整个运维管理信息交流的重要枢纽，能够有效连接各个运维参与方的数据和资源。“BIM+”公共建筑运维管理系统支持整个运维管理的信息创建、共享、更新和管理，能够让每个运维管理部门及参与方进行有效的协同交流，保持信息的一致性和清晰性，它既是沟通中心，也是交流和储存的平台[149]。

通过“BIM+”公共建筑运维管理系统，各管理部门提供的信息将不再局限于相邻部门之间的共享和交流，体现了信息的及时性和共享性，任何成员和部门都能在一定的范围内实现和其他成员和部门之间的信息访问和共享，在信息共享过程中也会有不同的方式，可以是个人与个人之间的，也可以是组织与组织之间的，还可以是个人与组织之间的信息协同共享[149]。

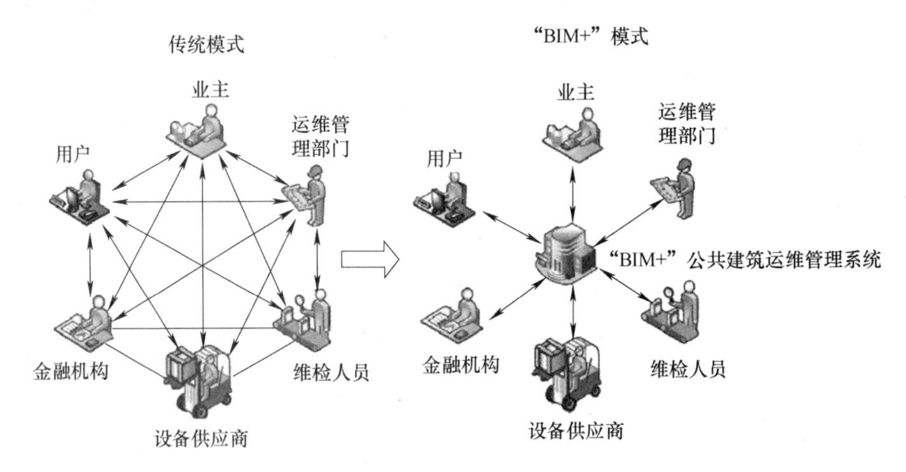

图 4-6　运维管理模式的转变

BIM 充分发挥了网络信息即时性强、有效传递的优势，可以让运维管理的参与方围绕着“BIM+”运维管理系统进行工作[150]。通过“云”技术把项目的 BIM 模型、信息等上传到云端，使用者能根据需要又从云端下载。

在传统的建筑运维工作中，由于不同专业、部门之间的工作流程互相影响，原本可以同时进行的工作变成了前置后续工作，前置工作的完成情况会影响后续工作的开展，等待时间较长，效率低下。而通过“BIM+”公共建筑运维管理系统，各参与方和运维管理部门能够同时开展工作，互相交换、确认工程信息，最终提高生产效率。原本的协同管理不仅需要高度强化的团队进行合作，并且不同部门之间的分歧会让团队磨合时间变得更久，而基于“BIM+”公共建筑运维管理系统所建立的信息交互平台成为交流的枢纽，参与的各方通过系统进行协同管理、相互交流，高效形成统一意见，并且快速地反映在建筑物的模型中，从而节约大量的讨论成本和时间[150]。

4.2.3　专业管理团队

在传统运维管理中，聘请物业公司是最常见的一种管理模式。物业公司依据物业管理合同，对业主委托管理的建筑、设施及其公共部位进行维护和修缮，承担建筑内安保、绿化、清洁等人们日常生活所必需的便民服务。业主不直接参与建筑日常运维，只负责对物业管理公司的工作进行检查和考核[151]。正如 2.1.2 节所述，这样的管理模式实现的其实是物业管理，而不是运维管理。

要实现真正意义上的运维管理，需要开启专业管理模式，聘请专业运维管理团队。与传统聘请物业公司不同的是，运维管理人员队伍的专业化程度更强，信息化水平更高，服务管理范畴也更广泛，能够为运维发展提出长远的战略性规划方向。

依据公共建筑运维管理的管理内容，BIM管理专业团队的组织架构如图4-7所示。

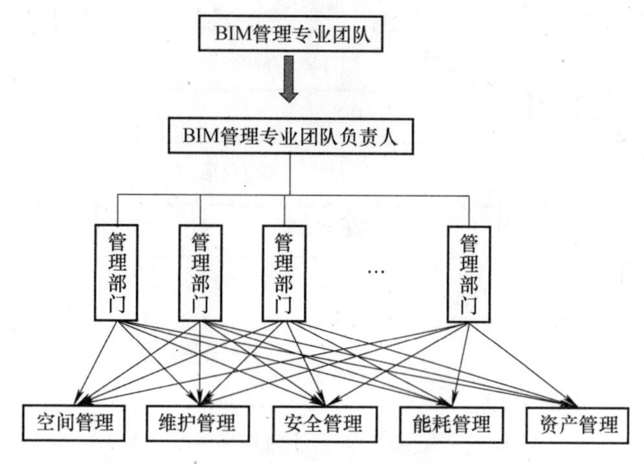

图4-7　BIM管理专业团队的组织架构

BIM管理专业团队需要协助业主建立“BIM+”公共建筑运维管理信息系统，并及时维护，确保系统正常运转；严格审核运维各参与方提交资料信息的真实性，并及时维护共享信息；定期组织管理部门协调会，协调运维管理各部门之间的协同问题，提高运维管理的协同效率。

BIM管理专业团队负责审核“BIM+”公共建筑运维管理信息系统的上传信息的真实性和有效性，及时集成运维管理过程中产生的信息；团队负责人重点负责组织协调工作，确保管理团队顺利开展工作。

4.2.4　管理流程构建

在引入“BIM+”公共建筑运维管理系统后，管理团队可以据此及时了解建筑物运维的各种信息，合理安排各种管理计划和任务；运维维护人员也可以在系统的辅助下进行运维工作，并及时反馈运维信息。运维工作人员通过系统的客户端了解任务安排，在系统的指导下进行运维工作，并将执行结果反馈给系统；管理部门通过系统安排运维任务，查看各种反馈信息，并在系统辅助下检查运维工作。系统客户端在接受运维维护人员和管理部门输入的需求后将之发送给功能层，并将从功能层得到结果反馈给运维工作人员和管理部门；功能层接受请求后向数据库提出数据要求，在接到数据反馈后进行处理，并将处理结果反馈给客户端。这样管理部门、运维维护人员及系统就形成了这个运维活动的完整流程，如图 4-8 所示。

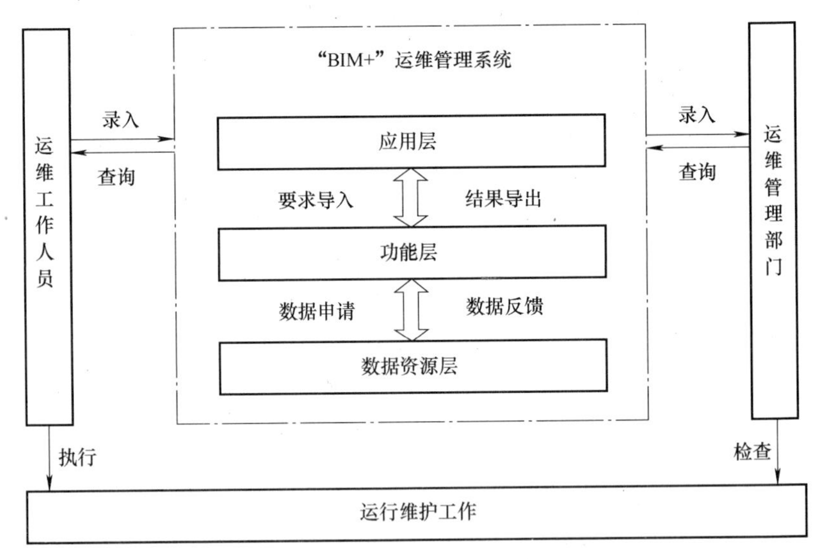

图 4-8 "BIM+"公共建筑运维管理流程

图 4-8 所示的"BIM+"公共建筑运维管理流程打通了管理部门和运维工作人员之间的信息通道，从而高效地传递信息，并形成闭环管理。"BIM+"运维管理系统通过数据资源层、功能层和应用层建立立体的运维体系，提高预警的准确性和效率；此外，通过管理系统的工单流程管理，形成人员与设备信息通道的闭环[37]，如图 4-9 所示。

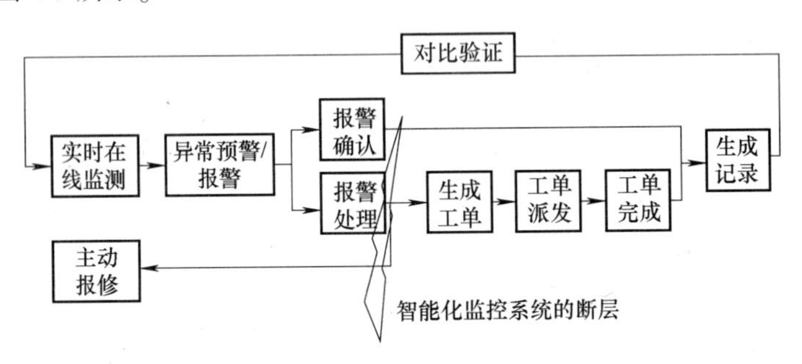

图 4-9 管理流程的闭环管理

工单流程分为两大类，第一类由人工主动发起工单进行执行记录；第二类是通过平台自动分析触发工单，工单根据报警的类型、紧急程度、所属班组、排班情况进行派发。管理系统建立设备与人员的信息通道后，可完成从事前监测、异常报警到事中报警确认、定位排查、事后的回溯分析，生成记录后作为监测报警的历史参考数据[37]。

第 5 章

“BIM+”的高校食堂运维管理案例分析

5.1 高校食堂运维管理的特征分析

随着我国高等教育事业的迅猛发展，在校师生人数增长迅速，高校规模日趋扩大，与其相配套的基础设施也在不断扩大规模。食堂是高校中的重要基础设施。就高校食堂建筑而言，运维管理需要集成人员、技术、设施等因素确保食堂建筑及其附属设施良好的运行。高校食堂在具备公共建筑运维管理特征（系统性、唯一性、多样性、商业性、连续性、技术性）的基础上，在空间利用、设备设施、安全等级、卫生标准等方面还存在其特有的特征。

1. 空间利用多元化

高校食堂的用餐对象比较单一，大部分是本校的师生，就餐时间也比较固定，且具有瞬时性。一般食堂的就餐高峰期时段分为早中晚三次，在这三个时间段内食堂建筑容纳的人数非常多，于是高效的空间管理就尤为重要。例如，进行食堂的人流量预测，给出人流分流的提示信息。再例如，非高峰期，将一些空间开放给学生社团活动或第二课堂使用；将一些空间关闭，减少运维成本。

2. 设备设施种类繁多

食堂建筑不仅要满足学生的餐饮需求，而且还需为管理人员办公、后勤、烹饪、储物等提供场所，要满足所有这些功能，需要形成庞大的建筑体量以及完备的设备设施系统。食堂设施设备是维系食堂经营的硬件基础，包括：厨房设备、给水排水系统、电气系统、暖通系统、消防系统、监控系统、智能收费系统等。

3. 安全等级高

由于食堂建筑的设施设备和可燃材料多，一旦发生安全事故，如设备管线出现短路引起火灾，厨房操作台发生煤气泄漏等情况，将会造成严重的后果，危及就餐人群的生命安全，而且由于食堂的人流量大，人员疏散和应急管理会比较困难，因此安全管理尤为重要。

4. 卫生标准严格

高校食堂承担着为成千上万师生提供安全、优质饮食的重任。高校食堂是劳动密集型服务业，其加工服务方式决定了高校食堂是食品安全的高风险场所。高校食堂提供的饮食是否安全，影响着师生的身体健康，也影响着校园食堂的稳定。高校食堂是卫生监督部门、学校后勤部门在食品安全方面重点管理的对象。

5.2 高校食堂运维管理存在的问题

高校食堂规模较大，在高校总坪中分布离散（高校往往不只一个食堂），承载着巨大的人流和物流，这给传统的管理方式增加了难度。高校食堂除了需要解决一般公共建筑运维管理存在的管理理念、技术应用、信息共享、人员配置方面的问题，还需解决以下几方面的运维管理问题。

1. 空间规划不够完善

一方面，随着我国高校规模的不断扩大，高校后勤逐步社会化，多数高校的食堂餐饮空间规模已经不能满足实际的使用需求，营业规模与其就餐人数不匹配，食堂就餐拥堵情况不均衡；另一方面，在用餐时间段结束之后，大部分空间却被闲置下来，这导致了空间资源的大量浪费。

2. 应急预警方式传统

食堂的安全问题一直是需要重视的，而在面对紧急事件时，传统的管理模式仍主要依靠平时建立的应急演练机制，过于依赖管理人员的把控和参与人员的自律，这样在面临风险事件时容易被动。

3. 能源管理不合理

食堂在水、电、气等方面的能源消耗很大，所占运维成本比例高，因此对食堂进行有效的能源管理可以降低成本，而目前高校食堂每月的能耗状况主要采用人工统计的方式，无法做出智能分析并跟踪重点耗能部位，无法合理地管理能源使用状况，也就无法控制能耗、降低运维成本。此外，越来越多的学生选择将饭菜打包而不是在食堂就餐，造成这一现象的主要原因除了食堂过于拥挤外，就是学生认为食堂的室内温度不合适，尤其是在冬夏季，这与食堂室内的能源管理不合理有直接的关系。

5.3 高校食堂运维管理的内容确定

史培沛通过对重庆地区的高校食堂进行实地调研和问卷调查，总结了重庆地区高校食堂的建筑节能问题，并提出食堂节能设计策略[47]。邓子瑜等人以贵州理工学院新校区食堂为研究对象，主要研究了三维算量组价、碰撞检查、施工模拟等八项 BIM 基本应用在食堂全生命周期的价值[150]。陈晓倩等人以西华大学宜宾研究院一食堂为例，分别从 BIM 模型建立、BIM 模型深化设计、BIM 5D 造价管理等六个方面探究在食堂施工管理中 BIM 的应用价值[151]。刘振邦等人提出利用物联网、BIM 等新技术应用搭建智慧工地管理平台，该平台涵盖智慧食堂管理系统，可初步实现食堂就餐人数、菜品采购等方面的数字化管理[152]。何兰生、沈心培探索以工程项目经理部为基础，搭建智慧项目信息系统，该系统涵盖智慧食堂管理功能，可进行网上订餐、菜单管理、报表统计、食堂核算，提高食堂管理效率[153]。

徐瑞楠对所有校园基础设施的运维管理进行分析，认为食堂属于校园基础设施的一部分，发现基于 BIM 理念下的校园基础设施运维管理的关键因素主要包括教学空间规划管理、视频安防系统、办公空间规划管理、消防安全管理、教室设备维护、生活空间规划管理六大方面[48]。张楹弘对运维阶段 BIM 应用进行探索，设计并分析了基于 BIM 技术的运维管理框架，以吉林某大学食堂为例分析了 BIM 对食堂运维管理的价值和应用中的问题，考虑了空间管理、设备维护、应急管理三个方面的内容[80]。

结合学者们对高校食堂 BIM 应用的研究现状及高校食堂运维管理的特征分析和问题分析，在图 3-1 公共建筑运维管理内容的基础上，确定高校食堂完整的运维管理内容，如图 5-1 所示。

1. 空间分配使用

运维管理人员随时跟踪各部门的空间需求，积极响应各类情况下人员或设备的空间分配请求[86]。基于 BIM 技术的运维管理系统利用可视化功能帮助管理人员实时查看建筑的每一个区域内人员的动态活动轨迹，由此判断不同分区的拥挤程度，从而对工作人员进行合理的调配，并通过模型实时查询重点区域的情况，例如高校食堂人流量高峰时期的取餐窗口、楼梯、食堂出入口等。同时，学生也可以通过手机端 APP 实时查看食堂不同就餐分区的拥挤程度，避开食堂就餐的高峰时段，从而合理地选择就餐时间与就餐区域，避免拥挤。

此外，通过 BIM 可视化技术还能对食堂洗碗间、制作间、配餐间、洗手间、厨房、热加工间、饮料库等功能区进行合理的空间管理与分配，实现空间的高效利用。

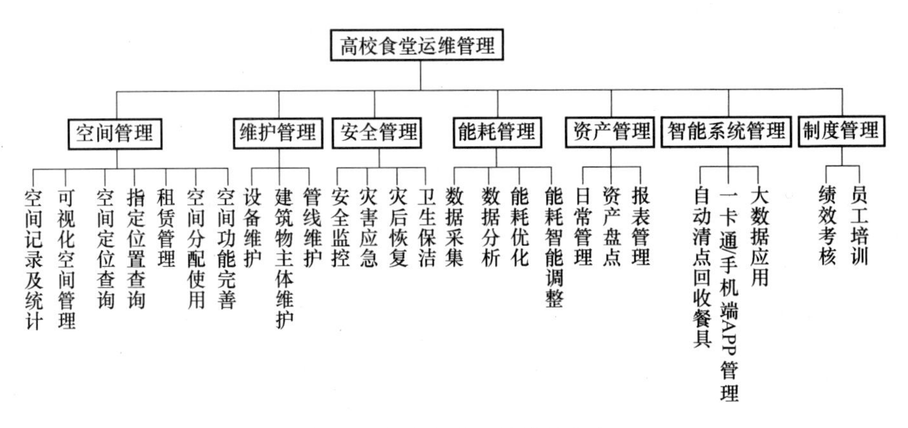

图 5-1　高校食堂运维管理内容

2. 空间功能完善

首先，高校食堂的经营方式在逐步多样化，除了满足师生的就餐需求，还能为学生提供娱乐、自习、生活等方面的服务，因此，在空间规划中就可以充分利用非就餐时段闲置下来的空间，将这些空间设置为讨论区、自习室或者活动场地等。

其次，食堂的附属设施问题也需要被运维方重视。例如，楼梯过道的宽度不能过窄，需要满足在人流量高峰期时段的需求，以免发生安全事故。此外，食堂还应注重卫生间和洗手池的设置，目前大部分食堂在这方面是欠缺的，给就餐人群带来一定程度上的不便。

最后，运维管理方需要定时就在校学生关于食堂满意度这一问题做好调研工作，如果食堂规模已经无法容纳正常学生就餐人数，那么就需要进行改建或扩建。利用可视化三维模型对空间的现有利用情况进行分析，并模拟改建过程，减少施工中出现的问题。

3. 管线维护

相较于其他校园建筑，高校食堂是一种相对特殊的建筑类型，因为食堂的功能性质主要是为师生提供餐饮服务，尤其是厨师在后厨区域烹饪食物时会产生大量油烟气体，因此高校食堂的设备管线位置集中且情况复杂，长久的使用容易导致管线设备损坏，借助 BIM 的可视化功能可以快速定位故障管线并及时分析反馈。

4. 卫生保洁

由于食堂是就餐场所，其卫生标准要求比其他一般公共建筑高，因此卫生保洁管理在高校食堂的运维管理中也是很重要的一部分。卫生保洁管理主要包括两方面，一是食品卫生安全，食堂的食品安全问题至关重要，必须严格遵守食品安全质量标准，运维管理人员制定详细的食品卫生控制方案，从食品原材料和生产过程把控食品安全；二是日常的保洁维护，包括食堂内部环境的消毒清洁和外部的绿化管理。

5. 能耗智能调整

在食堂的设备上安装传感器，通过BIM模型实时监控不同区域的光照强度、温度以及空气干湿度，对BIM模型进行能量模拟分析，根据传感器上传的数据信息，系统自动调整室内的光照、空调温度、开关通风设备等，最大限度利用自然资源，既做到了真正的节能减排，又保障了就餐人群的体验。

同时，利用运维管理系统集成能源消耗数据，对能源使用状况实行动态检测，并通过软件分析建筑物不同时间段、不同区域的能源消耗情况，生成图表文件，直观地呈现数据异常情况，将各个指标做对比，找出关键性问题并有针对性地解决，降低成本。例如，食堂每日的人流量高峰期基本固定，其余时间段以及节假日的用餐人数较少，这时就需要关闭部分设备或将其改为低耗能的运行状态，避免造成能源浪费。

6. 智能系统管理

随着信息化技术应用于高校食堂的运维管理，智能系统给师生带来了很大便利，对高校食堂的智能系统进行管理包括以下三个方面。

（1）自动清点回收餐具

区别于设备、桌椅等资产，餐具作为高校食堂资产的一种，具有体积小、数量多、单件价格低、流动性大等特点，在取用归还的过程中很容易发生遗失或损坏，依赖人工清点餐具数量也十分浪费时间和人力。因此可以考虑通过管理系统实现自动清点，实现了对餐具使用时和回收时的数量对比、回收餐具情况的检测以及数据化管理，给食堂管理方监控餐具的状态提供了数据支撑，既节省了人工和时间成本，同时又能提高准确性，有效解决了餐具遗失造成的损失问题[154]。

（2）一卡通/手机端APP管理

在如今的高校食堂中，一卡通和手机端APP的应用已经非常广泛，两者通过个人实名认证绑定联系。一卡通管理主要包括办卡、充值、挂失补办等业务，智能系统的应用让用户通过手机端APP就能线上实现这一系列操作，方便快捷且安全，还能随时查询个人消费、充值、补办等信息数据。

（3）大数据应用

基础信息包含食堂员工和管理人员的信息、食堂菜品信息以及采购信息等，在智能系统中可以对相关信息进行增加、修改和删除：

1）系统管理员可以登录管理系统对员工信息进行相应的管理维护，比如对新入职员工信息的添加和对离职员工信息的删除。

2）菜品信息主要包括菜品的价格、每日需要制作的菜品种类、数量以及所需制作人数等。管理人员在系统上对这些信息进行调整和公示，并同步更新在食堂的滚动屏幕和管理系统中，便于就餐人群查看。同时，就餐人群还可以通过手机端APP查看当日的菜品信息，提前规划就餐的食堂窗口。

3）采购人员将采购计划、采购详情录入系统，同步更新采购记录，定期对采购情况进行分析，合理规划采购成本，减少资源浪费。

区别于传统的数据保存方式，基于信息化平台和智能系统的运维模式在数据信息管理上具有更大的优势，系统自动将所有数据备份，用户和管理人员随时可以通过云端查询，避免出现数据遗失的情况。

7. 制度管理

（1）绩效考核

高校食堂由于服务对象主要是校内师生，普遍存在利润不高的情况，缺少竞争机制，服务水平可能会随之降低，因此有必要推行目标责任管理制度，制定合理的薪酬绩效分配方案，明确各部门的责任和指标，激发员工的主动性和责任感，以提升服务质量。

（2）员工培训

吴彤群通过对六所高校食堂从业人员现状进行调查，发现目前高校食堂员工和管理人员普遍存在技术等级低、学历不高的问题，一定程度上限制了高校食堂的发展[155]。因此必须重视人才队伍的建设，加强员工的培训管理，制定优胜劣汰的制度以促进员工不断成长、提升技能，同时也有利于提高高校食堂的发展水平。

5.4 高校食堂运维管理系统的实现

在以上研究成果的基础上，以某高校YB校区A食堂的运维管理为例，采用Revit软件进行建模，并建立"BIM+"公共建筑运维管理的基本框架，展示BIM技术在公共建筑运维管理中主要功能的实现，并分析其应用价值。

A食堂位于四川省宜宾市翠屏区临港大学城，建筑高度18.92m，建筑面积6760m^2，建设用地2685m^2。该建筑室内跨度较大，基础形式为桩基础，主体结构为框架结构，屋顶采用钢结构，外墙装修材质类型多。该食堂规模较大，其中机电设备、厨房设备种类数目较多，而且在就餐高峰期时人流较多，因此日常的运维管理难度较大。为了能够高效地进行食堂运维管理，该校建立了专门的运维管理机构，其隶属该校业务单位中的后勤服务总公司。后勤服务总公司的机构设置如图5-2所示。

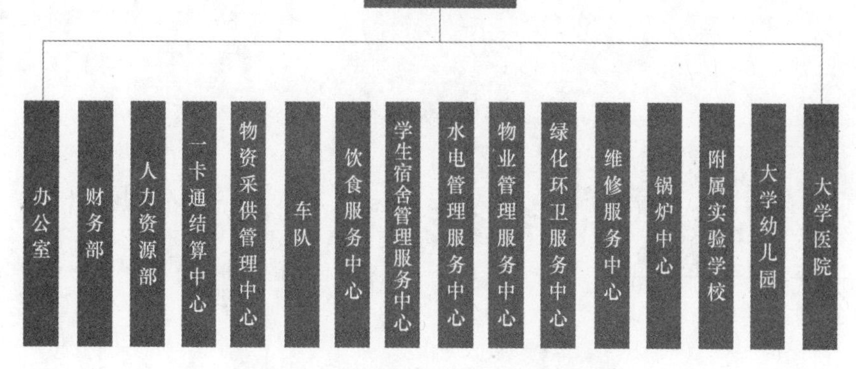

图 5-2 后勤服务总公司机构设置

图 5-2 中，与运维管理直接相关的部门有财务部、人力资源部、一卡通结算中心、物资采供管理中心、饮食服务中心、水电管理服务中心、物业管理服务中心、绿化环卫服务中心、维修服务中心。在传统的运维管理模式下，各个部门之间相对独立，协同效率较低，而“BIM+”可以加强各部门之间的沟通交流，从而提高运维管理的效率。

5.4.1 BIM 模型的建立

在综合考虑 A 食堂实际情况和各款核心建模软件及附属软件的应用情况的条件下，以 Autodesk Revit 为主、其他核心建模软件为辅的模式建立建筑、结构、电气设备、暖通、消防、给水排水模型，并进行各专业模型合模，形成 A 食堂的整体模型，如图 5-3~图 5-7 所示。

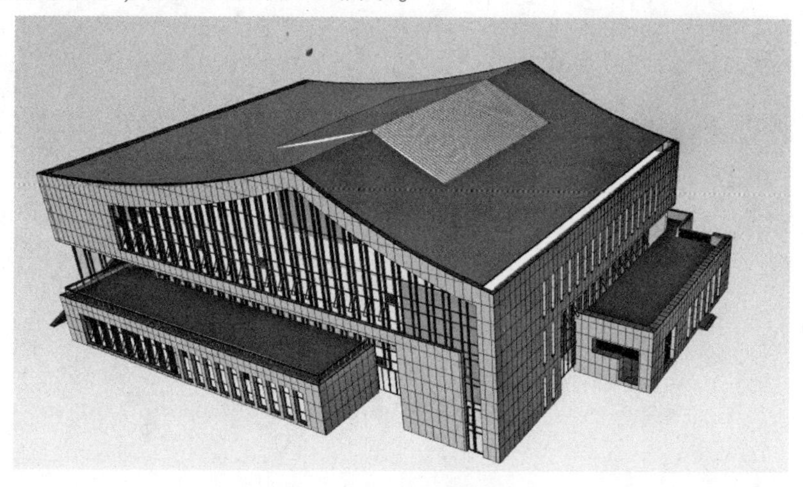

图 5-3 A 食堂的建筑模型

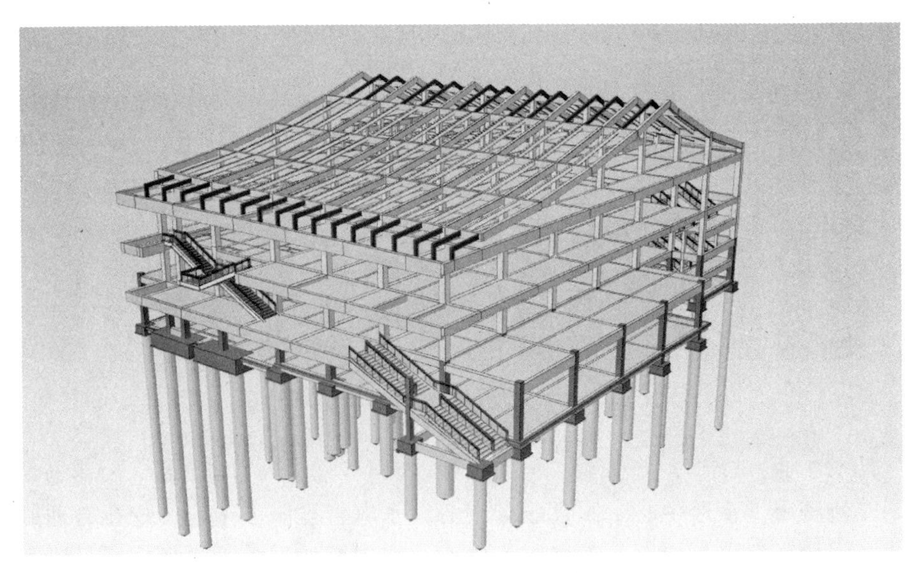

图 5-4　A 食堂的结构模型

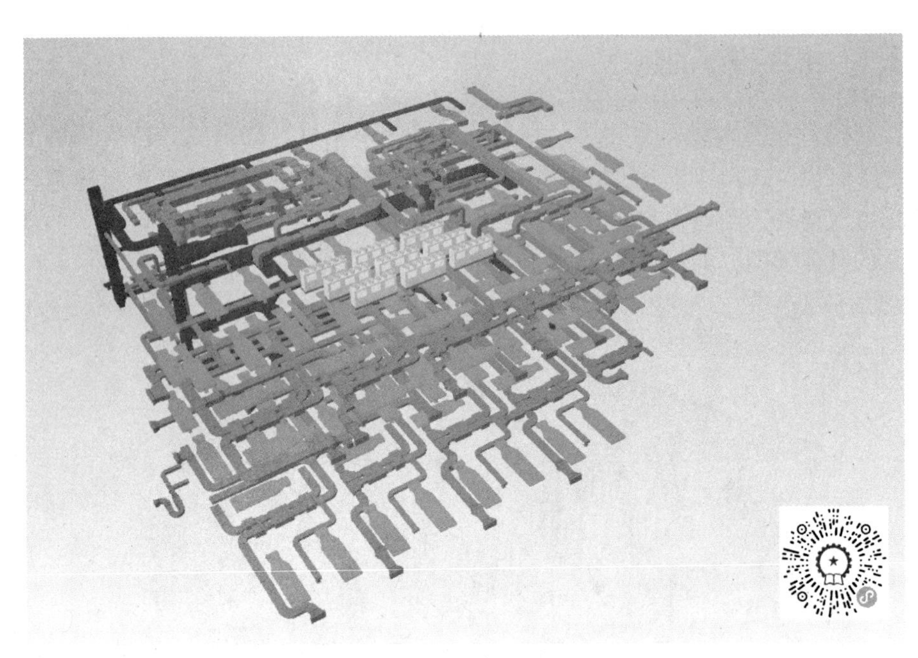

图 5-5　A 食堂的暖通模型（手机扫描二维码可看彩图）

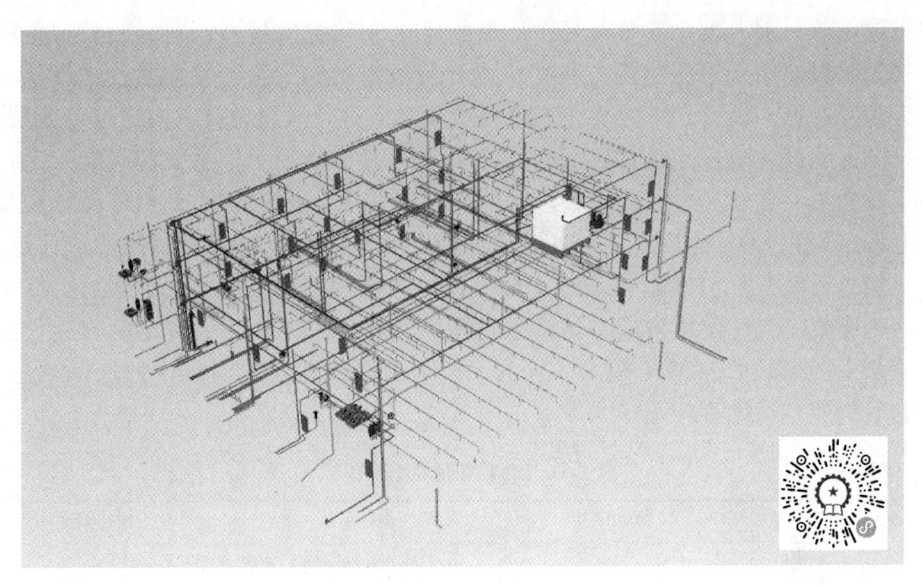

图 5-6　A 食堂的给水排水、消防模型（手机扫描二维码可看彩图）

注：红色为消防系统，其余颜色为给水排水系统。

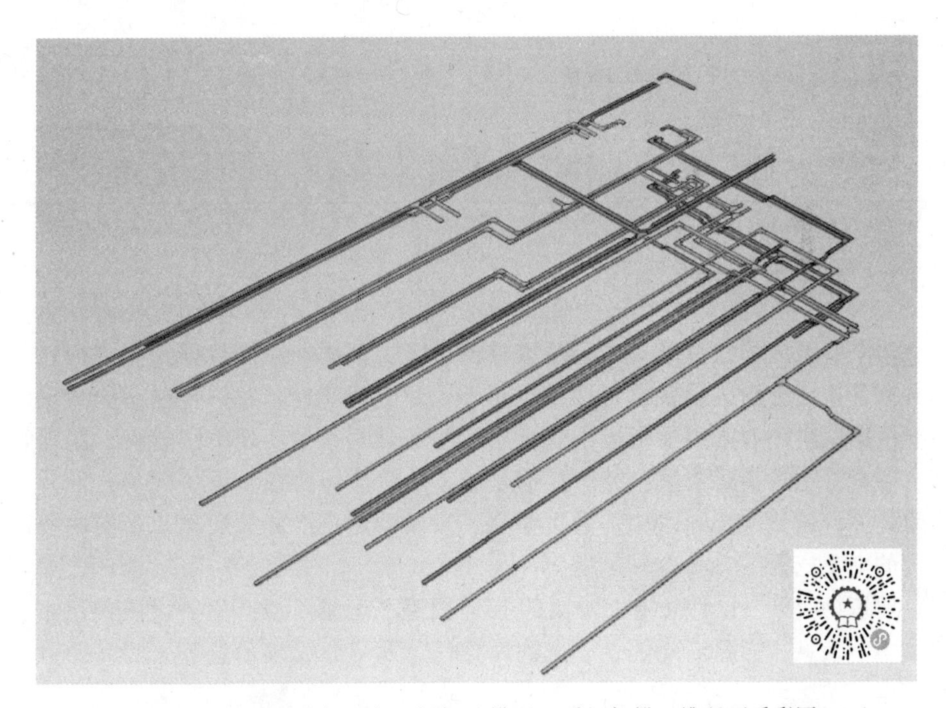

图 5-7　A 食堂的电气设备（桥架）模型（手机扫描二维码可看彩图）

BIM 模型建立的精度见表 5-1。首先，根据建设方提出的建筑功能、外形、投资限额等要求，设计方在方案设计阶段建立 BIM 基础模型，同时此模型也可在决策阶段使用。根据建设方在初步设计阶段提出的关于项目质量、进度、费用方面的意见，设计方将继续在 BIM 基础模型上进行深化设计，构建设计模型。施工图深化设计阶段，设计师可对各专业进行碰撞检测，尽早发现问题，完善施工图模型。然后，项目由前期阶段转至施工阶段，施工方可在 BIM 设计模型的基础上创建 BIM 施工模型，在施工过程中向其他单位提供实时的建造信息、变更信息，使各参与方能够及时了解项目的进度和工程变更情况。最后，在项目竣工验收、交付使用阶段，运维管理团队接收施工方在项目竣工验收交付资料基础上提交的 BIM 竣工模型，同时，整合材料设备供应商提供的产品信息，为之后的建筑运维管理做好准备[156]。

表 5-1　BIM 模型的精度要求

项目开发阶段	BIM 模型	BIM 集成信息	模型精细度
项目决策阶段	BIM 基础模型	项目周边地理环境、建筑外观、建筑功能、投资测算等信息	LOD100
项目设计阶段	BIM 设计模型	建筑性能分析、施工图设计深化、管线综合平衡设计等信息	LOD200 LOD300
项目施工阶段	BIM 施工模型	项目施工方案模拟、施工工艺模拟、施工进度控制、施工成本控制、施工现场管理等信息	LOD400
项目运维阶段	BIM 运营模型	建筑设备、建筑空间、设施维护、安全评估等信息	LOD500

5.4.2　数据的准备

运维管理涉及的数据主要有基本数据、维护数据、经济数据三个方面。基本数据是指建筑物或设备设施的基础属性，是空间管理、维护管理功能实现的主要依据；维护数据主要指运维管理中产生的数据，是实现空间管理、能耗管理、安全管理的主要依据；经济数据是施工阶段质保协议、设备购买合同、运维阶段签订的其他合同的相关数据信息，以及固定资产相关数据，是实现资产管理的主要依据。

建筑物决策、设计和施工阶段的 BIM 模型，运维阶段产生的设备信息、建筑物本体信息、能源消耗信息、采购库存信息及应急管理信息等，均需要移交到数据资源层。

1. BIM 模型数据的拾取

移交的 BIM 模型存在大量对施工阶段重要但对运维阶段并不需要的信息，

如施工进度、流水段划分及施工质量等信息，这部分信息对运维意义不大，如果直接全部移交给运维管理，将会增加不必要的数据维护负担，因此需要对移交的BIM模型进行瘦身，根据运维要求拾取对运维有意义的数据[85]。

2. BIM模型数据的添加

仅仅拾取BIM模型数据对运维还是不够的，缺少运维阶段的信息也无法指导运维，这就必须在BIM模型中添加运维阶段产生的有效数据，如设备维护信息（表5-2）、能源消耗信息等，这样才能形成对运维有效的完整数据库[85]。

表5-2 建筑设备管理信息表

基本信息	维护信息	合同信息	经济信息
ID/设备编号 设备名称 设备规格 设备类型 安装位置 设备性能 出厂年月 设备型号 制造商 开始使用时间	维修状态 维修历史 保养记录 运行状态	供应商 保修期 维修方 使用方 保养方 合同纠纷（有/无）	购置成本 维护成本 成本超支情况 折旧年限 年折旧额 设备产出

在食堂BIM模型上添加相应的属性信息，包括几何数据、材质信息、合同信息、成本信息、维护信息等，应用过程中点击相应的构件即可查看，如图5-8~图5-12所示（手机扫描二维码可看彩图）。

图5-8 圆形桩的属性信息添加

图 5-9　带悬窗幕墙嵌板的构件属性信息添加

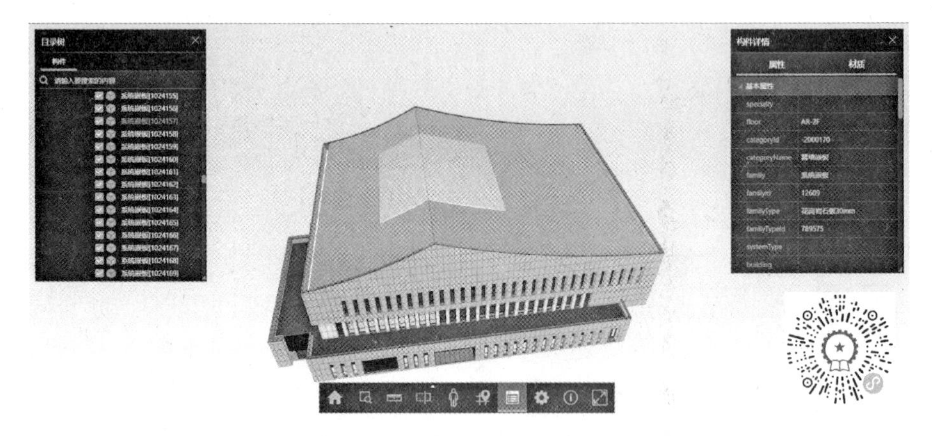

图 5-10　幕墙嵌板的属性信息添加

图 5-11　门窗的属性信息添加

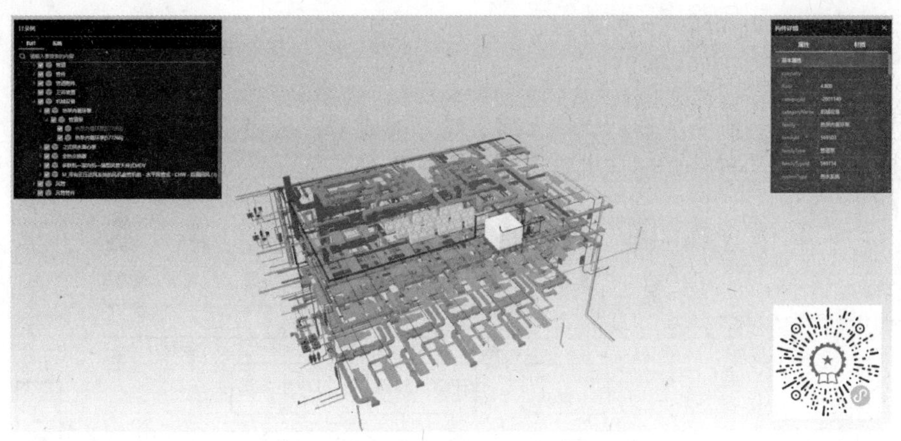

图 5-12 热泵内循环泵的属性信息添加

3. 数据的集成

我国建筑行业标准化建设尚在进行中，企业在信息化建设过程中，选用的专业软件及信息集成方式均在不断探索中，所产生的庞大而复杂的建筑信息存在格式不统一的现状。为了保证运维信息的有效传递，需要使用统一的信息交换格式（IFC）防止数据信息的误读。并且，在基于 BIM 技术进行运维信息的交互过程中，应建立数据库来保障各参与方及时查询、提取、编辑及保存运维信息。BIM 与数据库信息集成的过程如图 5-13 所示[121]。

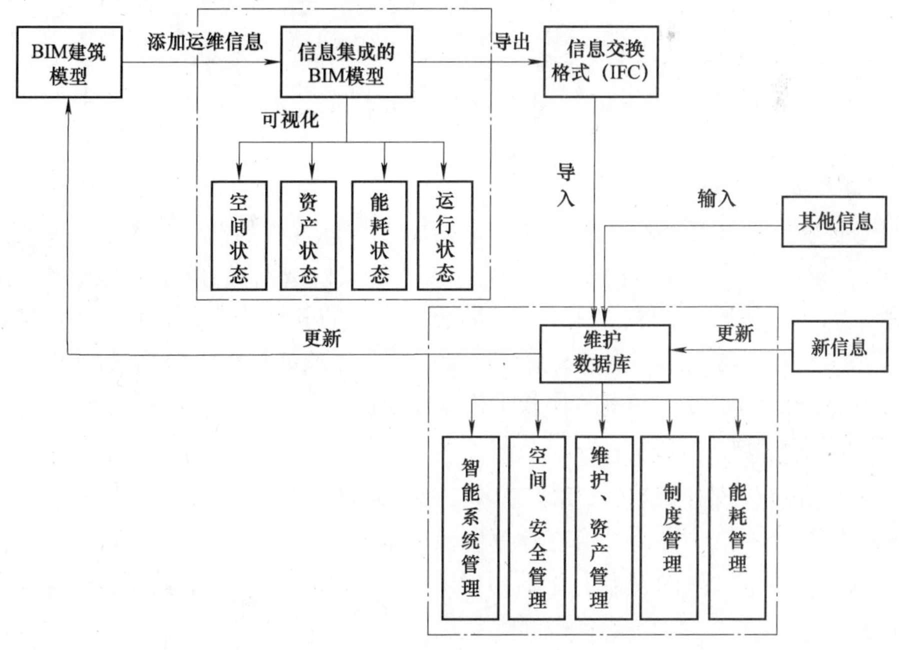

图 5-13 BIM 与数据库信息集成的过程

5.4.3 管理系统的建立

在完成上述准备工作后，根据前文研究的成果，搭建“BIM+”A 食堂运维管理系统，以实现食堂的运维管理目标，其基本架构如图 5-14 所示。

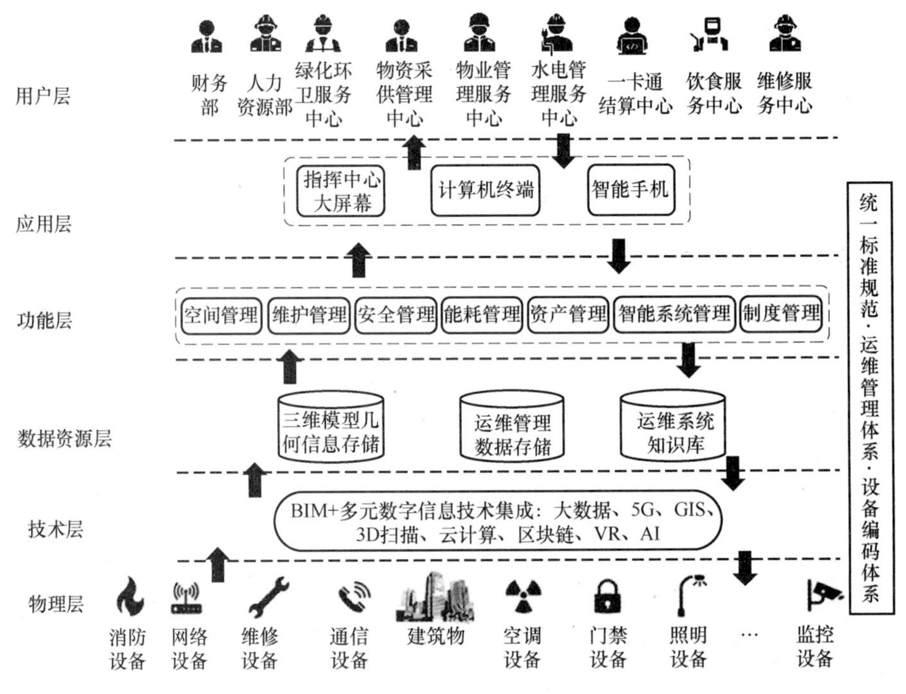

图 5-14 “BIM+” A 食堂运维管理系统框架

1. 数据的集成和共享

数据的集成和共享是 BIM 数据库最基础也是最重要的功能，主要是实现获取方式和不同格式之间数据的共享[124]。移交 BIM 模型提取的数据和运维阶段获取的数据（例如通过 GIS、IoT）是不同公司不同的软件生成的，具有不同的标准和格式，而把这些数据集成和共享就是必须要达成的目标。根据目前的情况，建立基于 IFC 标准的 BIM 数据库是个比较好的选择[86]。

2. 数据资源层的操作

数据资源层的操作主要是指对数据资源层的数据进行的查询、添加、移动、更新、删除等操作，目的是保证数据资源层的有效性和应用性，而数据资源层操作的重点在于权限的设置，让不同权限的管理者操作不同的数据，以保证数据的安全性。

5.4.4 管理内容的实现

1. 空间管理

因为 A 食堂是该高校 YB 校区两座食堂之一，为 7000 名师生提供餐饮服务，因此在就餐高峰期，用餐师生排队人数较多，空间资源分配不均衡，导致食堂空间拥挤，用餐体验较差；非就餐高峰期空间闲置，需要进行优化管理，经济、高效地利用空间。通过空间管理，实现空间数据汇总、统计的可视化与精确化；实现空间数据的实时更新及与其他部门的共享；提升空间管理效率，实现空间规划及优化[158]。

（1）空间可视化

食堂有着多种不同功能的区域，比如厨房区域、就餐区域、休息区域等，对这些不同的空间区域往往有着不同的管理重点。在运维管理系统中，可以通过 3D 建筑模型直观地观察食堂空间情况（图 5-15），了解建筑空间布局，对食堂进行空间规划和管理，对不同区域进行功能的动态定义和设置，再按照不同的区域性质进行管理。

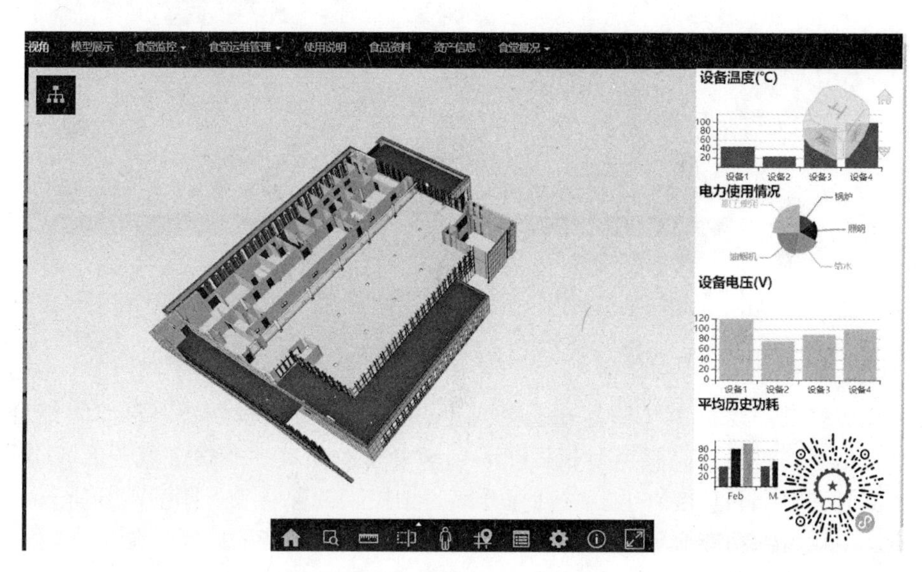

图 5-15 食堂建筑模型中的空间展示（手机扫描二维码可看彩图）

（2）人流量提示

结合人流量分析可以得到食堂空间空置率、人均空间等信息。当食堂某一时段的就餐人数不同时，对食堂的空间模型进行不同颜色的标记，用餐师生可以在移动端直接查看，选择就餐流程区域，有效减少用餐的排队时间，提高用餐体验。以食堂三楼为例，在同一时间内，当食堂就餐人数小于或等于 50 人时，空间模型无高亮标记；当 50 人<就餐人数≤100 人时，绿色高亮标记；当 100 人<就餐人数≤200 人时，橙色高亮标记；当就餐人数超过 200 人时，红色高亮标记，如图 5-16 所示。

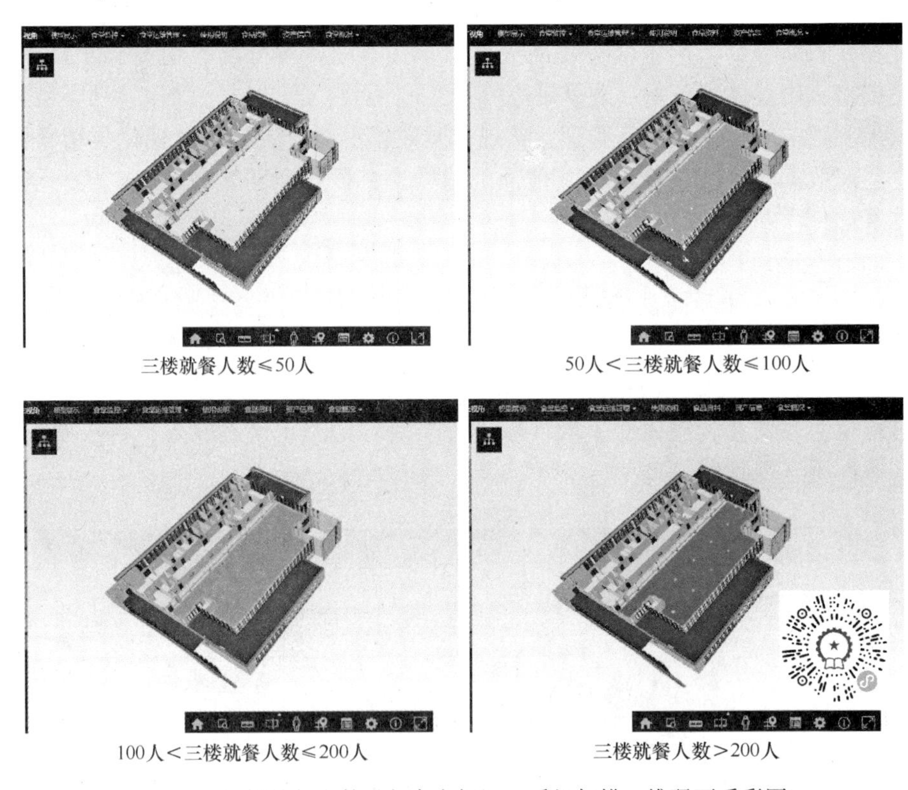

三楼就餐人数≤50人　　50人＜三楼就餐人数≤100人

100人＜三楼就餐人数≤200人　　三楼就餐人数＞200人

图 5-16　根据就餐人数进行高亮标记（手机扫描二维码可看彩图）

（3）空间功能完善

在传统设备运行工况监控功能基础上，将设备功能服务与建筑空间结合，针对食堂不同时段（高峰期与非高峰区）对食堂空间（工作区、就餐区）分层分区实时调整空间功能（非就餐期间开辟为学校第二课堂和社团活动场所），并相应调整设备的功能服务（照明、安保、暖通等设备系统的启停、调节等）。

（4）租赁管理

将外包出租窗口的信息录入运维管理系统，供承包户根据租赁面积大小、档口、装修条件等因素进行有针对性的智能筛选。BIM 将从数据资源层中提取信息结果，并将符合条件的窗口进行开放，供承包户选择、签约。签约后录入系统中，形成类似于电影院选座位方式，已租窗口将被标记出来，表示该窗口已被租用。承包户可以依据系统提示，进行交纳租金、领取钥匙、取得电子发票，完成一系列原本需要多个部门流转才能进行的工作。在租金缴纳到期后进行“续交租金预警”，或者在合同到期后进行“合同续签预警”。

2. 维护管理

(1) 维护清单

首先梳理需要维护的厨房设备。按使用区域对高校食堂厨房设备进行分类，见表5-3。其次，梳理需要维护的建筑安装设备。包括：给水排水系统、采暖系统、燃气系统、电气设备安装系统、通风系统、消防系统、监控系统、智能收费系统等。

表5-3 高校食堂厨房设备清单

序号	区域	设备配置	设备的功能说明
1	食堂厨房面点间	和面机（和面）、搅拌机（搅拌面团）、压面机（压制面条）、面粉车、木面案板台、双门蒸饭箱（面点、米饭等主食的蒸制）、双层电烤箱和醒发箱（面团醒发和面食、饼类烤制）、落地式电饼铛（制作饼类）、四门高身冰箱（食材暂存）、单开调理柜（暂存调料）、双星水池（半成品清洗）、光解式烟罩（油烟收集净化）、隔油池（除油污）、混水龙头（可同时出冷热水）、洗地龙头	加工米、面、饼类主食
2	食堂厨房主操作间	双头双尾炒灶、六头煲仔炉、双头矮仔炉、三门电蒸箱、炉间拼板、油网烟罩、双开调理柜、四眼鼓风灶（少量热菜炒制）、大锅灶（大量热菜炒制）、双头低汤灶（煲汤）、双层工作台、四门高身冰箱、四层货架（物料暂存）、双星水池、光解式烟罩、隔油池、洗地龙头	制作汤类、热菜类
3	食堂售餐间	四格热汤池柜（菜品保温）、保温暖汤车（汤、粥、米饭保温）、单开调理柜（餐具存储）、五格保温售饭柜、单星水池、混水龙头、双层工作台、碗碟柜、保温桶、双开调理柜	用餐前准备
4	食堂厨房粗加工间	双层工作台（食材的初步切配）、四层货架、四门高身冰箱、双星水池、卧式冰箱	通用
		大斗单星水池（清洗蔬果类）、切菜机、蔬菜切丁机、蔬菜切丝机、盆式刹菜机、根茎类去皮机、土豆去皮机、蔬菜甩干机、果蔬打碎机	蔬菜加工
		单星盆台（清洗肉类）、切片机（肉类食材的细切）、绞肉机（做肉馅）、锯骨机、肉类切块机、肉类切丁机、切肉片肉丝机、砍排机、斩拌机、真空滚揉机、盐水注射机、灌香肠机、去筋膜机、嫩肉机、其他肉类加工机械	肉类加工

（续）

序号	区域	设备配置	设备的功能说明
5	食堂厨房消洗间	洗碗机（碗碟的清洗消毒）、洗碗机用软水机、集气罩（洗碗机热气的收集）、单星污碟台（污碟的浸泡及预洗）、高压花洒（污碟的预洗）、洁碟台、残食台（残食的收集）、洗地龙头（地面的清洗）、高温消毒柜（餐具消毒）、碗碟柜（餐具的存储）、污蝶台、三星水池、双层工作台、消毒柜、收残车	餐具和厨具的清洗消毒及暂存
6	储存配送	调料车、平板车、送餐车、四层货架、米面架	食物存储和配送
7	其他	排烟系统，包含排烟风机/风柜、排烟风柜支架及减振器、油烟净化器、排油烟管道、防火阀、管道消声器、油水分离器、隔油池、不锈钢地沟盖板、曲棍下水器、开水器、直饮水机、商用热水器、滤水器、软水机、中央软水机、蒸汽发生器、反渗透装置、开水器底座等	

（2）设备运行监控

系统可以对表5-3中的设备进行分类检索、运行和控制。通过点选模型内的设备，可以查询选择设备的相关信息，如三维信息、规格型号信息、材质信息、供应商信息、使用说明书信息、维保信息等；可以查询指定设备或信息，以定位相应的设备准确位置或及时预警和更换备件。管理人员也可以随时利用系统进行设备的实时浏览，如点选食堂内的某个摄像头，可以实时查看该摄像头对应的影像数据，也可以查询该摄像头相关数据[159]。通过将BIM模型实体与IoT设备、设备所处空间实现一一对应，运维管理系统可以三维立体视角准确、快速地显示设备所处空间位置，提高运维操作人员的工作效率。

（3）日常养护管理

系统将建筑主体和设备的日常养护管理纳入其中，包括运维时间、运维方式方法、运维人员安排和运维指标等，并提供养护清单或维保手册等资料。系统可根据历次日常养护管理的资料和养护管理计划提醒下次养护管理时间和安排，并自动生成养护任务发给相应的运维管理人员，维护人员接受任务后可进行查看并按任务提示进行养护工作，在系统的帮助下确定任务位置及时执行[159]。

（4）故障分析

现阶段设备运维决策过程，主要基于运维人员的个人工作经验和技术水平，决策辅助信息不足，决策效果受主观因素影响较大。通过从系统中提取建筑实体属性及实体关联关系等属性信息，构建建筑设备系统运维知识库，可为设备运维管理决策提供快速的知识检索，提高设备运维管理的智能化、智慧化水平。

独立的专业系统中都有自动报警的功能，通常自动报警会设置报警阈值，用于保障事故发生时，在监控中心及时获知并及时进行故障处理，缩短故障影响时间和范围。但仅采用阈值报警和事后（故障后）处理的维护方式，无法最大化保障食堂设备的运行安全。

A 食堂运维管理实现了预防性维护，即有计划地进行维修保养，减少设备的故障频率，最大化保障设备运行安全。首先确定设备的健康评价关键指标，再根据行业标准或行业专家经验确定每个指标的初始权重值（系数），并在运行数据不断积累过程中对权重值进行修正，评估设备的健康状态，根据评估结果有计划的运维[37]。

设备健康评估等级划分见表 5-4，每个健康等级设计隶属函数，由算法在管理系统中进行综合评价计算得出结果。

表 5-4 设备健康评估等级划分[37]

健康等级	状态	评估结果及建议
V1	健康	运行非常正常，检修周期可适当延长
V2	正常	运行基本正常，部分指标可能会接近预警临界值
V3	异常	仍然可以运行，但存在不明显异常，可能有指标超过预警临界值或大多数指标都接近预警临界值
V4	预警	存在事故隐患，有指标越过预警值，需要预报警凸显异常情况

例如，系统对配电开关柜进行健康评估，首先确定健康评价指标包括温度、局部放电、电流、环境温度、运行时长、维保记录 6 个指标，再对每个指标的预警判断逻辑进行梳理，以确定其权重。健康评价指标见表 5-5。

表 5-5 健康评价指标[37]

参数	参数内容和意义	预警判断逻辑
温度	主要一次元件接头处温度和环境温度。开关柜在日常使用过程中，由于内部母排连接处、触点等部位长期直接暴露在空气中，容易出现老化、接触电阻过大等不利现象，造成导电连接处发热，如果不处理，导致开关柜受损，甚至引起电力事故（火灾等）	温升系数：稳定运行后的绝对温度，在报警值以下根据接头温度与环境温度计算温升值，温升速率越大，温升系数（权重）越大
局部放电	开关柜绝缘系统中每一个部位的电场强度都不同，假如某一个区域电场强度过大，达到或超过击穿场强，导致这片区域出现放电现象，然而施加电压的导体之间没有出现放电过程，即放电没有击穿绝缘系统，这种现象称为局部放电。局部放电是电气系统中的安全隐患，破坏的具体过程长期而缓慢，往往局部放电的特点和绝缘特性是成正比进行的	局放系数：局放超声波值和暂态地电压（TEV）值超标值越大，局放系数（权重）越大

（续）

参　　数	参数内容和意义	预警判断逻辑
电参量	当开关柜回路出现过载、短路以及三相不平衡时，就会及时反映在电流上，非严重过载和三相不平衡时电流的异常是隐患，可能会引起绝缘老化，从而引发电气火灾	电流系数：超过短时过载电流或三相不平衡率越高时，电流系数（权重）越大
运行时长	累计运行时长对于设备的全生命周期内性能的影响成反向，在设备使用寿命后期故障会增加	折旧系数：按照时间序列，运行时间越长，折旧系数（权重）越大
维保记录	故障频率	故障系数：故障频率越高，故障系数（权重）越大

（5）VR巡检

通过三维漫游功能，在运维管理自定义的巡检路径上，以第一视角或者第三视角显示视野中建筑物及设备的当前运行状态、关键参数、现场视频等信息，为运维操作人员提供全面、方便的设备运维巡检体验。VR巡检的效果如图5-17和图5-18所示，其巡检平面图及路径漫游设置界面如图5-19所示。

图5-17　VR第一人称视角巡检建筑物

（6）设备温度监测

食堂中的各类燃气灶具温度通常较高，容易发生火灾，因此需要对各类灶具进行温度的监测，并将数据显示在运维系统中（图5-20）以确保燃气灶具的工作温度是在正常范围内，一旦高于正常范围，立即断气、报警，并在管理系统提示。

图 5-18 VR 第三人称视角巡检建筑物

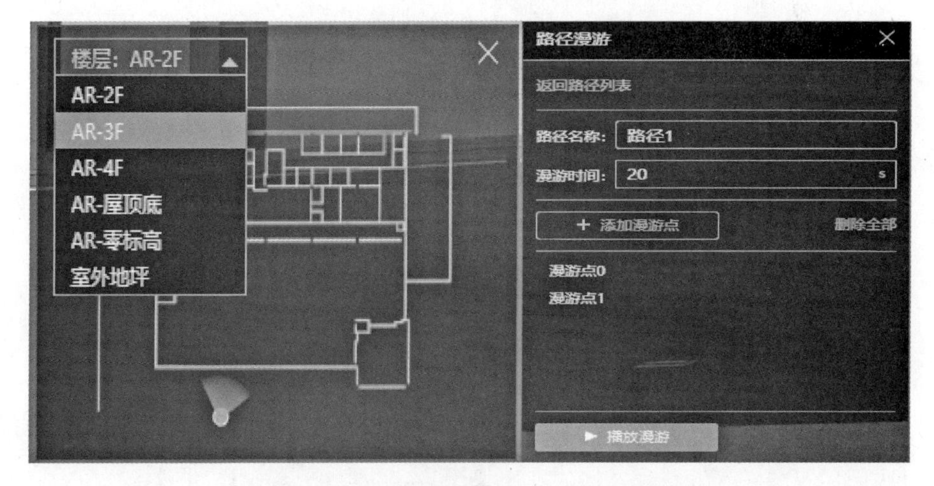

图 5-19 VR 巡检平面图及路径漫游设置界面

（7）设备电压、电流监测

食堂中有大量的电力设备，一旦电压电流过高，造成设备过载短路等，轻则造成设备损坏，重则可能发生火灾、设备爆炸等问题，因此需要对设备进行电压电流的监测，将数据显示在运维系统中（图 5-21）。一旦电压电流突然远高于正常区间，将自动断电，并且报警，保护设备的同时杜绝安全事故，并且资源数据库中将留存电压电流的变化情况，便于事后查明问题起因。

（8）管线维护

食堂运维管理一般包括暖通、照明、送排风、给水排水、变配电、安保、消防、信息发布、能耗计量、环境（室内外温湿度、照度、CO、CO_2 等传感设备）监控等安装系统[160]。这些安装系统涉及大量的管线，且管线大多数是暗敷设于墙体、吊顶中，当管线出现问题时，往往需要消耗大量的时间寻找问题点，维修替换也有一定困难。而物联网技术的应用可以很好地解决上述问题。

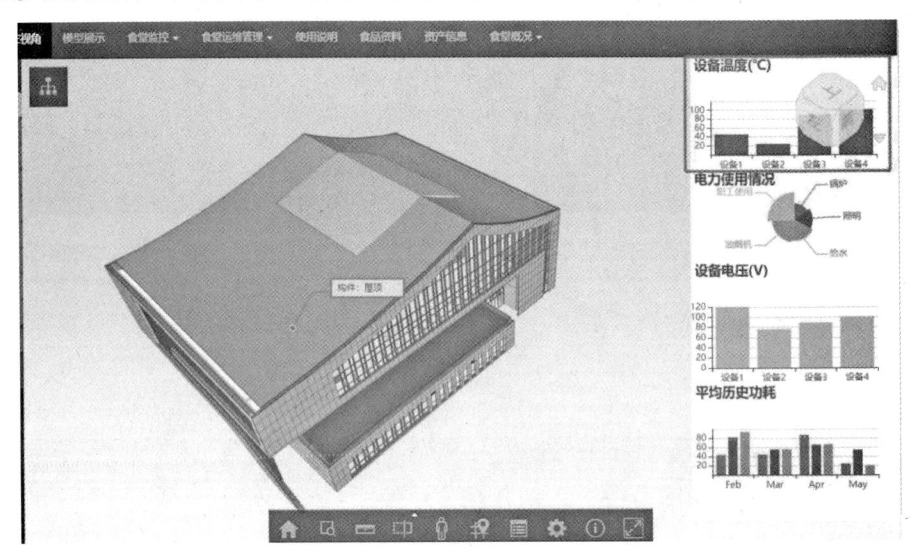

图 5-20　设备温度监测显示

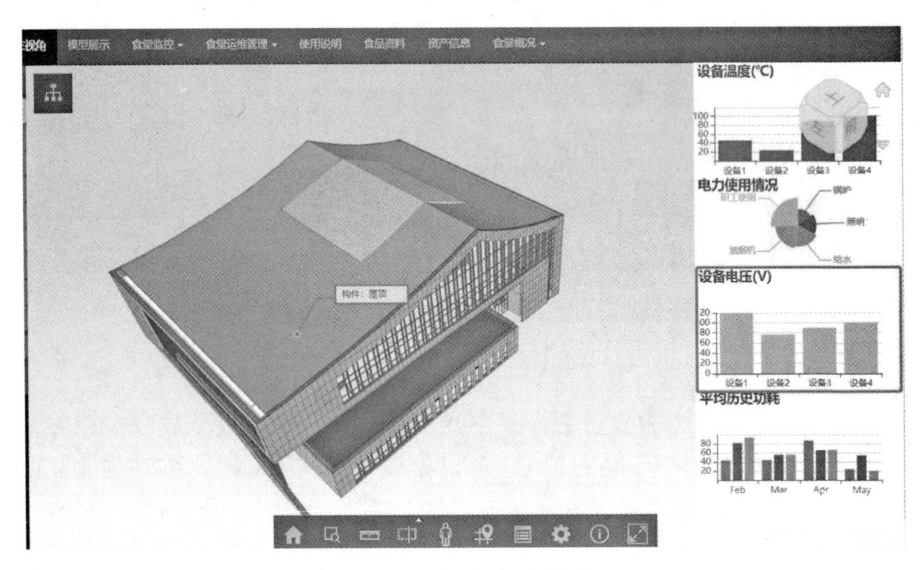

图 5-21　设备电压监测

1）管网监测。监测水管水流、水压，确保供水正常，同时可以对水管按照材质、部位等进行分类管理，方便水管的定期维护以及维修更换。维修更换的记录也将一并记录在运维管理系统中，方便管理人员后期的调用查看。同时系统会根据管线材质、使用年限、维护周期等自动生成维护计划，会在维护日期前自动提醒，从而做到定期维护，保证管线的正常工作。

当管网出现问题（如渗漏）时，首先自动报警，让管理部门及时知晓；然后通过物联网设备，在系统中显示问题管道的具体位置（图5-22），同时自动关闭上游阀门止水，方便维修人员维修更换。

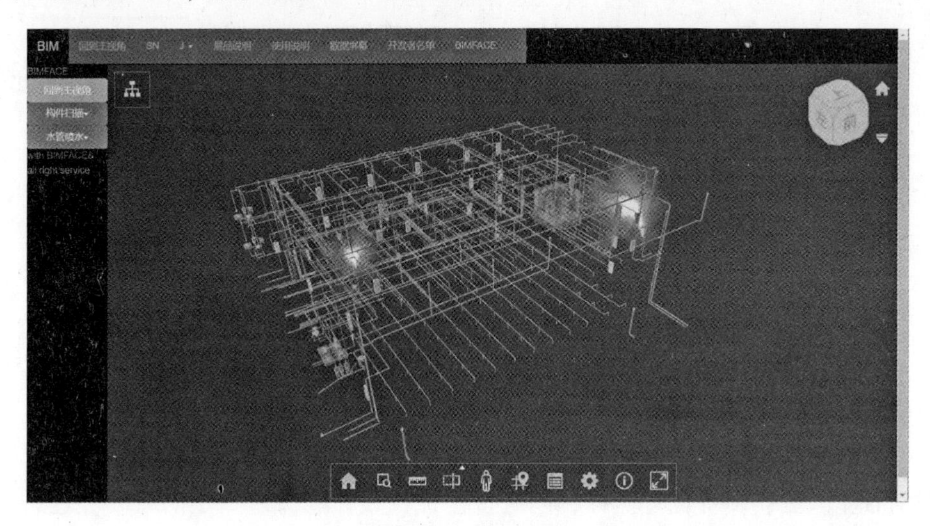

图5-22 管网监测

2）线缆监测。同管网监测一样，“BIM+”运维管理系统也可以对食堂内的线缆进行监测，监测电压电流等，当电压电流出现异常时报警并自动切断电源，同时在管理系统显示问题线路具体位置，方便维修。

3. 安全管理

食堂就餐高峰期人员较多，人员流动性较大，一旦发生安全事故，人员拥挤，不利于疏散，因此安全管理非常重要。

（1）安全监控

利用物联网技术将传感器安置在设备、管线内部，进行实时的数据采集和监测，从而生成动态的设备、管线运行数据，与BIM信息模型相结合，对设备、管线实时监控。同时，将收集到的设备、管线实时动态监测数据与管理系统中的设备、管线运行安全参数数据等进行比对（图5-23），当发现设备、管线运行数据异常时，系统自动报警并精确定位设备或管道的位置，保障设备、管道运行安全，降低事故发生的风险概率[161]。例如，排风系统的监控、运维管理系统显示建筑物内全部的排风设备装置，通过点击不同的功能按钮控制排风设备的状态，如控制风机的开启和暂时中止、获取二氧化碳的数值及各个风机房的风阀开关反馈等。排风烟机的运转状态可借助于信号灯装置明确，若显示为红灯则表明设备运转出现故障，此时一方面由系统直接反馈给运维管理人员，一方面自动报警通知相关维修人员[162]。

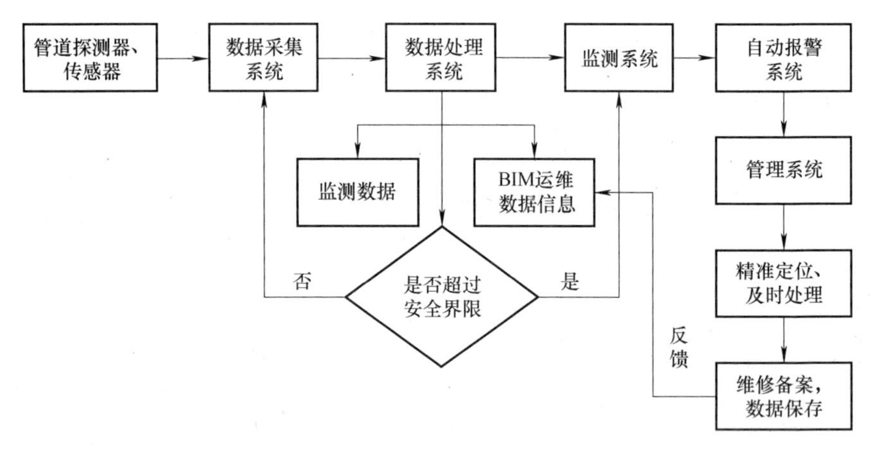

图 5-23 安全监控工作流程图[161]

(2) 实时监控

食堂是一个人流量非常大的地方，各类事件发生的可能性都较大，需要实时对食堂人员、设备进行监控，同时将监控视频存档保留一定的时间。过去由于受计算机存储空间的限制，监控视频难以长期保存，通常保存一周或者一个月。现在由于“云计算”的诞生，在一定程度上突破了计算机存储能力的限制，现在的监控视频可以存储在“云端”，能够保存半年甚至更长的时间，在需要时随时调用，确保在紧急事件发生后的较长时间内仍可以调出相应的监控视频，作为事件处理的证据。A 食堂监控入口及监控窗口如图 5-24 所示。

(3) 食品监控

高校食堂是为师生提供餐饮服务的地方，其中的食品安全是重中之重，一旦出现食品安全问题，影响的人数将非常多，造成的后果和损失也将非常严重。因此在高校食堂的管理中，会对每天的食材、菜品进行取样，并进行一段时间的保存。传统的食品记录方式多为纸质记录，但是纸质文档不易保存，也不易查找，往往在需要调用的时候需要花费很多时间才能找到存档。针对这一现象，在运维管理系统中建立专门的食品资料档案库，其中有专门的表格，对食品信息进行云端存储，在需要数据的时候，直接检索关键字即可随时调用。食品监控的入口按钮及内置表格如图 5-25 和图 5-26 所示。

(4) 建筑结构监测

在食堂的安全管理中，建筑结构的安全性能监测也极其重要。随着建筑的使用，其关键部位可能受环境影响或者其他原因发生形变，一旦发生形变如果不及时干预，后期可能问题进一步扩大，从而导致严重的后果。因此通过在建筑物关键部位预埋压力传感器、形变传感器等设备对建筑物的关键部位进行实时监测，可以了解建筑物的结构情况，当形变值超过预设的阈值时，将会报警提醒管理人员，并且在系统中定位，管理人员可以快速查看，有问题及时采取补救措施，避免发生安全问题。

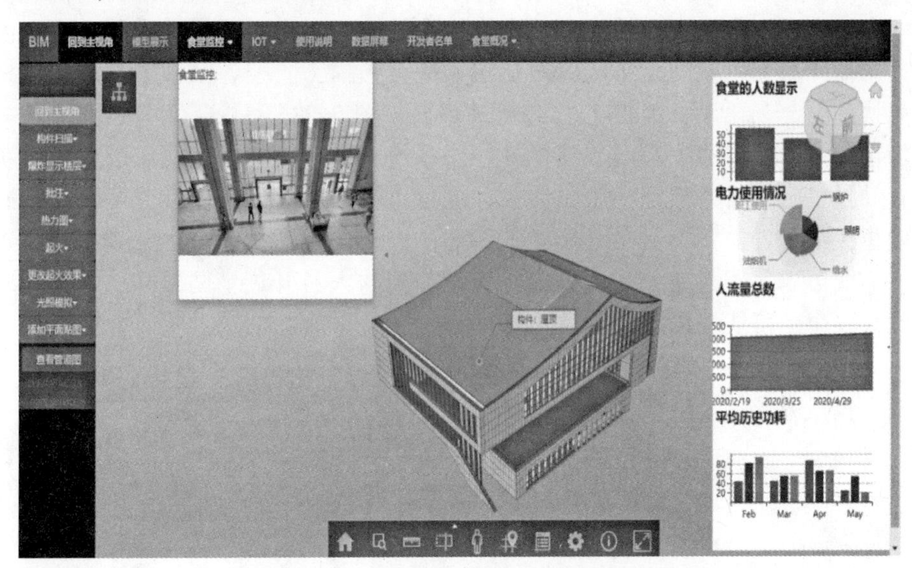

图 5-24　A 食堂入口及窗口的实时监控

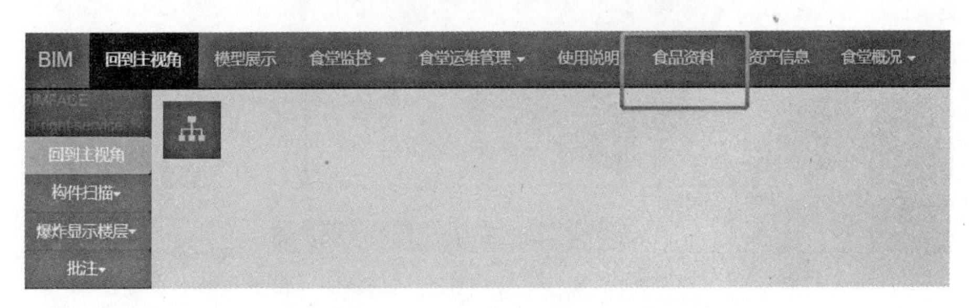

图 5-25　食品资料管理入口

	A	B	C	D	E	F
1	名称	序号	时间	样本存储位置	检查结果	检测负责人
2	白菜	20200701001	2020/7/1	D0102001	合格	张三
3	猪肉	20200701002	2020/7/2	F0201003	合格	李四
4						
5						
6						
7						
8						
9						
10						
11						
12						

图 5-26　食品资料内置表格

（5）火灾预警

食堂中有大量燃气灶具以及用电设备，因此食堂发生火灾的可能性比一般公共建筑更大，而且食堂在用餐时的人员密度大，一旦食堂发生火灾，其伤亡损失更大，所以在食堂的安全管理中，火灾的防范和预警极其重要。

在火灾发生前和发生时，往往会有较大的浓烟，可以通过烟雾传感器、温度传感器和其他物联网设备随时对建筑物进行扫描，监控各区域烟雾浓度（建筑扫描如图 5-27 所示，烟雾传感器管理界面如图 5-28 所示）。如果检测到某一区域烟雾浓度或者温度超过设定的阈值，系统将会认定为发生火灾，此时系统会自动报警，同时开启消防喷淋设备，进行火情的扑灭。然后会立即根据传感器定位火灾位置，并展示在运维管理系统中（图 5-29），便于寻找火源位置，这样一方面可以便于逃生，另一方面可以便于消防人员开展消防工作，最大化减少火灾发生的可能性以及其造成的损失。

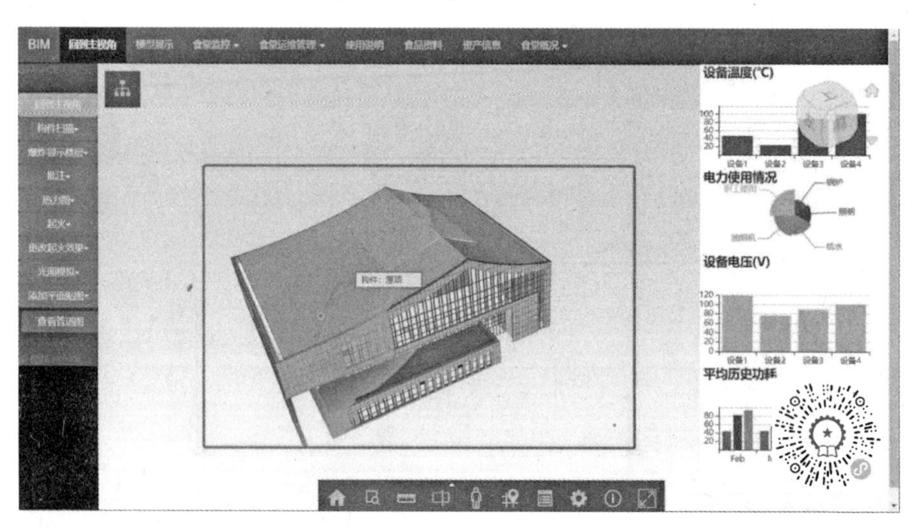

图 5-27　建筑扫描/火情监测（手机扫描二维码可看彩图）

（6）应急管理

在公共建筑运维管理中，灾害的应急管理也是非常重要的一个方面，如何快速有效地应对突发事件，对建筑物内人员进行快速疏散具有极其重要的现实意义[80]。通过“BIM+”A 食堂运维管理系统可以进行灾害的应急管理。灾害发生时，首先通过上文提到的空间管理，了解学生当前在食堂的分布情况和食堂的空间结构，再根据各类物联网设备获取灾害发生的情况，通过“人工智能”提供的算法、“BIM+GIS”的室内导航等技术，自动生成最优的逃生路线，在食堂内人员的手机上强制弹出，食堂内的人员只需要根据提示进行疏散即可，这样可以有序、快速地进行人员疏散，最大化地降低人员伤亡。

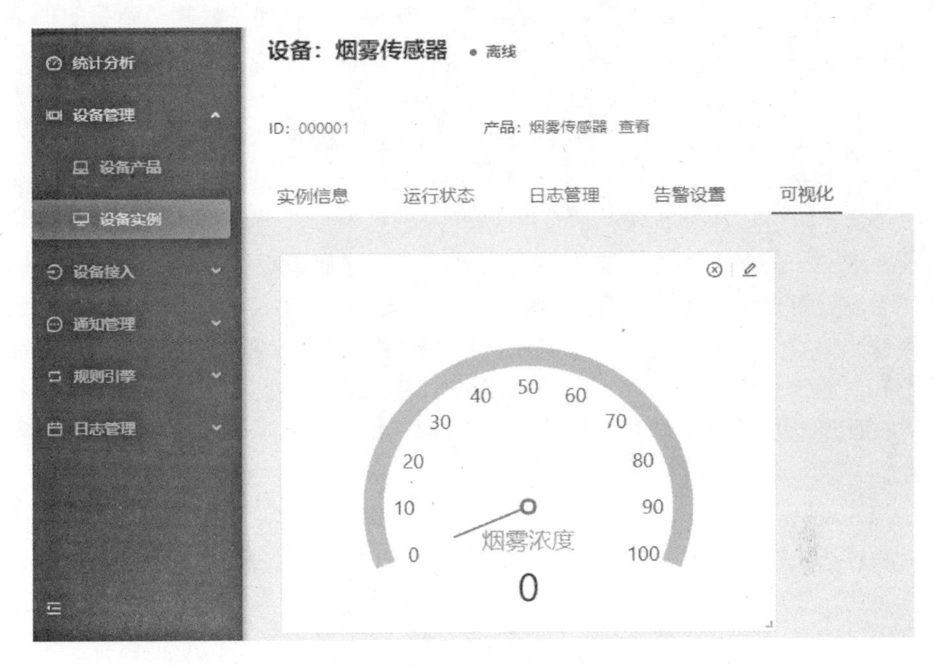

图 5-28 烟雾传感器管理界面

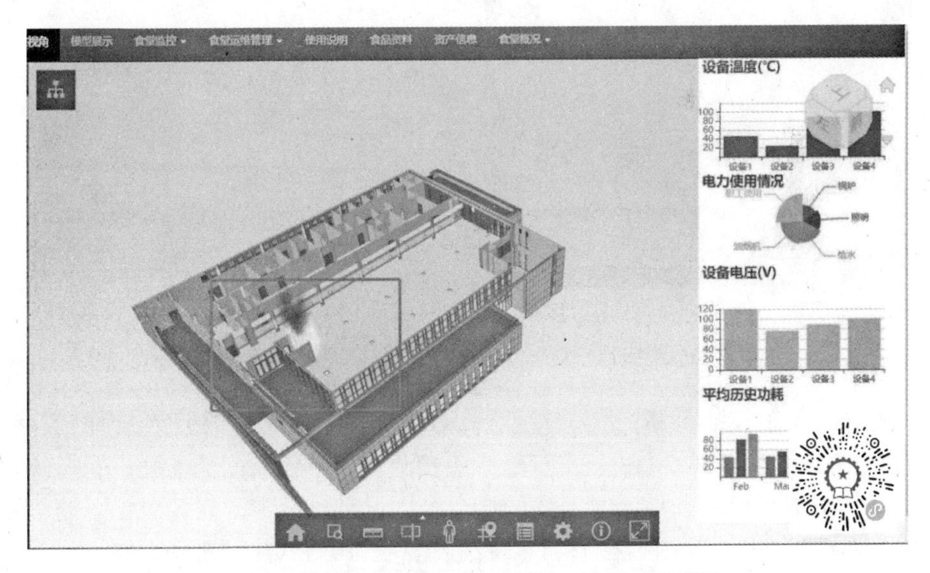

图 5-29 火情定位显示（手机扫描二维码可看彩图）

4. 能耗管理

食堂是一个资源消耗较大的公共建筑，每天都会消耗大量的水、电、气资源，能源消耗成本占食堂运维阶段总成本中很大的一部分，因此实施有效的能源管理可以节约资源、降低成本。另一方面，我国提出了“碳达峰、碳中和”的目标，节能减排已成为我国重要的制度要求，低碳环保的理念也越来越深入人心。因此在食堂管理中加强能耗管理是非常必要的。

（1）数据采集

设置能源信息计量装置，结合 BIM 可视化技术，从楼层、区域、功能间等多维度出发，全方位统计建筑楼宇和各类设备的能耗情况，并通过切换统计时间、统计范围、统计类型等条件实现多维查询，从而实现能耗的精细化管理。将各类传感器、探测器等工具与 BIM 模型构件相关联，对能源数据进行采集并导入 BIM 模型进行分类储存和管理，便于后期对建筑的能源消耗分配情况进行分析，跟踪主要耗能设备，再结合建筑物的具体情况改进，解决能耗管理的滞后性。

（2）能耗分析

通过各类物联网设备对水、电、气进行实时的监测，分析当前各个设备的具体能耗，形成相应的统计图表（图 5-30），让运维管理相关部门能更加直观地了解能耗情况，如果有异常情况也能快速查看。

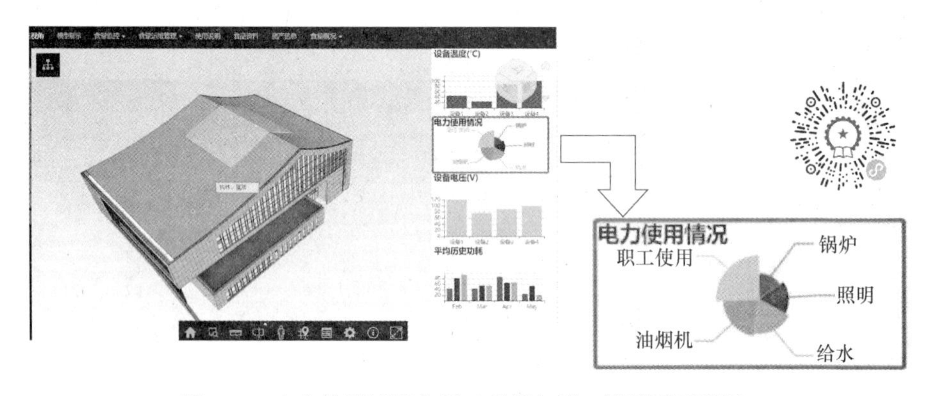

图 5-30　电力使用情况分析（手机扫描二维码可看彩图）

能耗分析不仅能分析过去和现在的能源消耗情况，还能根据过去的数据，通过“BIM+大数据”“BIM+人工智能”等预测未来一段时间的能耗，让运维管理人员清晰地了解未来一段时间的能耗情况，再结合设定的能耗目标，调整能耗管理方法，从而将能耗控制在目标范围内。平均历史功耗统计如图 5-31 所示。

（3）设备能耗自动管理

在传统设备运行工况监控功能基础上，将设备功能服务与建筑空间结合，针对食堂不同时段（高峰期与非高峰区）对食堂空间（工作区、就餐区）分层分区实时调整空间功能，并相应调整设备的功能服务（照明、安保、暖通等设备系统的启停、调节等）。

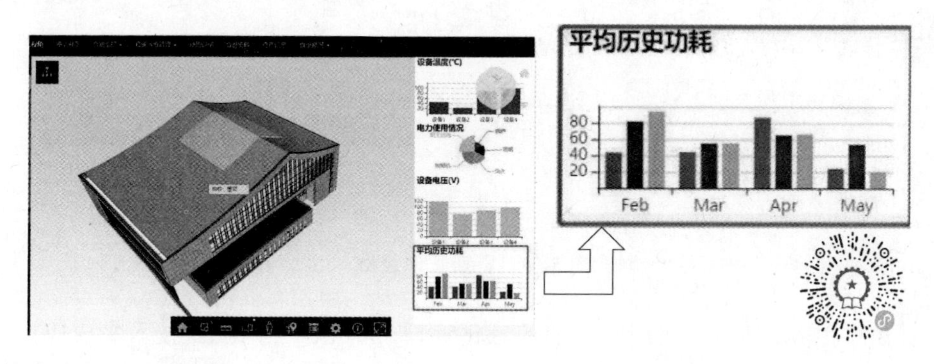

图 5-31 平均历史功耗统计（手机扫描二维码可看彩图）

在日常生活中，忘记关灯、关空调这类事情时有发生，对于高校食堂的工作人员而言，也难免会疏忽。因此 A 食堂运维管理系统建立了一个设备自动管理的程序，当某个能源消耗设备在非正常工作时间工作过长且中途无操作人员的再次操作时，将会自动关闭。比如天然气在非工作时间，例如凌晨 1 点还在持续使用，且超过了一定时间，中间也无二次操作，这时程序将判定设备为非正常工作，将自动关闭阀门，并会在管理系统中留下记录，待第二天管理者进行查看，寻找失误发生的原因，进行纠正，避免事情再次发生。这个程序将减少设备的能源浪费，同时能够避免发生安全事故。

5. 资产管理

高校食堂中有大量的设备资产，如各类燃气灶具、空调、冰箱等，有的大型设备有众多信息，如采购信息、配件信息、维修保养信息等，通过运维管理系统可以实现食堂资产的统一管理。

对于食堂中的重要资产，通过管理系统进行流程化处理，从招标采购开始，到设备资产的安装、使用、维修保养，直到最后报废处理的全过程都会被记录在系统中，进行精细化管理，从而提高资产的使用效率和使用寿命，降低学校的采购和维护成本。管理系统资产管理入口和资产管理表格如图 5-32 和图 5-33 所示。

图 5-32 资产管理入口

设备名称	序号	采购时间	供应商	维修保养记录						保养负责人
抽油烟机1	20190710005	2019/7/10	A	2020/3/10	2020/9/10	2021/3/10	2021/9/10			张2
抽油烟机2	20190710006	2019/7/10	A	2020/3/10	2020/9/10	2021/3/10	2021/9/10			张2
冰柜1	20190710009	2019/7/10	B	2020/3/10	2020/9/10	2021/3/10	2021/9/10			张2

图 5-33　资产管理表格

BIM+RFID 还可以实现资产的信息化管理。将 BIM 与 RFID 技术集成应用，在资产管理系统中将计算机、一体机、移动硬盘、打印机、传真机、桌椅等资产信息录入系统并分配 RFID 标签，对资产所属部门、领用人进行登记，并将数据写入对应的标签。对资产的入库、申领、盘点使用寿命周期进行全面有效管理，通过详细记录对资产的申购、领用、维护、报废等全过程进行管理，通过手持阅读器或手机 APP 扫描即可实现快速资产管理与盘点工作，大大地节约了人力物力，提高了资产管理效率，同时为相关管理部门提供了快速高效的资产查询与查找工具。在资产的档案文件管理方面，可以将保修、保险、外包合同等管理资料与每一个固定资产关联，对资产进行有效管理。在成本方面，通过数据集成与财务软件对接，形成财务报表，可简化固定资产折旧等工作。

6. 智能系统管理

（1）错峰提示

食堂的人流量有着明显的高峰时段，通常是早上 7 点到 9 点，中午 11 点半到 12 点半，下午 5 点到 6 点，这段时间师生都会到食堂就餐，所以在这个时间段排队等待是常态。对于用餐师生而言，浪费了大量的时间，同时就餐体验也较差；对食堂工作人员而言，这段时间的工作强度也较大，容易造成管理混乱的情况。通过对食堂的人流量进行监控和统计，通过镶嵌在用餐人员饭卡上的 RFID 芯片获取人员位置，从而显示不同楼层、不同区域的就餐人数（图 5-34），师生可以在移动端实时查看人流情况，错峰错楼层错窗口就餐，节约时间同时提高就餐体验；食堂管理人员也可以根据就餐人数的分布配置工作人员，优化工作人员的工作效率。

（2）大数据监控

系统集成了食堂的楼宇自控系统，能通过各类传感器读取各类能源消耗数据并在系统内显示能源消耗实施数据和历史数据，以颜色、闪烁、分区域显示、分系统显示、特定位置显示等有助于分析的方式显示，便于更好地通过数据来分析其内部规律，同时还能将各类数据生成数据曲线、表格等报告，向管理者提供按系统、区域、部门等方式的统计的数据。将由工况数据与运维管理系统收集的历史海量数据（存储在运维系统知识库中）形成的经验数据进行人工智能匹配，一旦超出设定的偏差幅度，就进行预警。

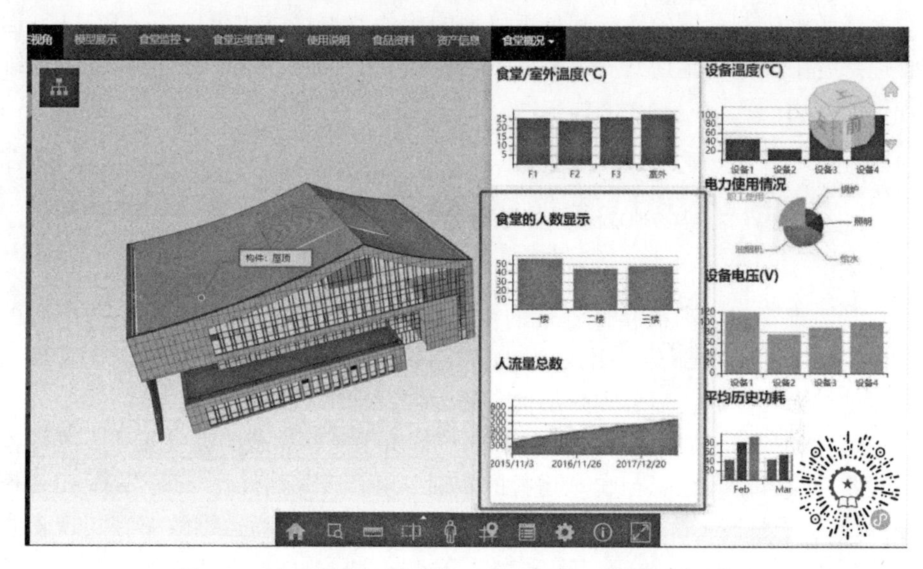

图 5-34　食堂就餐人数监控（手机扫描二维码可看彩图）

（3）集成智能监控

将 A 食堂的废污水排放、建筑智能化系统、排风烟等系统，利用物联网技术进行互联，并集成于建筑运维管理系统中，实现统一智能监控。例如，对食堂的 4 个废污水处理坑实时监测，通过监测废污水处理系统运转情况，确保食堂建筑物内部废污水正常处理和排放。建筑内部管理人员登录管理系统进入废污水处理模块界面，点击查看各个废水坑点的水位和废水处理装置，若废水处理设备指示灯显示为红色，则说明废水泵出现故障，系统会自动形成数据报告发送至合作的维修机构；若指示灯显示为绿色，则表明某整个商业综合体的废污处理装置处于正常工作状态[162]。

7. 制度管理

在 A 食堂的运维管理实施过程中，需要采取一些激励措施来调动运维管理各部门及运维维检人员的积极性，推动 BIM 信息协同运维的实施。

首先通过制定 BIM 信息协同运维管理制度，明确 BIM 信息协同运维的相关要求，对运维管理各部门形成一定的约束。只有各部门严格遵守 BIM 信息协同运维管理制度，才能保证运维管理过程中信息的共享和传递，实现“BIM+”运维管理的预期目标。

其次，需要对运维维检人员进行系统培训。虽然“BIM+”运维管理系统的应用可以降低运维维检人员施工图识读、施工工艺方面的专业要求，但对其数字化信息技术的应用操作能力却是有所要求的。因此，相关的培训是必不可少的。

上述激励机制、绩效考核和员工培训的相关数据信息也可以在"BIM+"运维管理系统中提取，定期开展定量评价，从制度上保证"BIM+"在A食堂运维管理中的应用。

5.5 "BIM+"高校食堂运维管理的应用价值

食堂运维管理是高校整体管理的重要组成部分，是以教师、学生为中心的服务体系的重要组成部分。引入"BIM+"，将精细化管理理念与智能化管理系统有机地结合在一起，显著提高了食堂的运维管理水平。

通过"BIM+"高校食堂运维管理系统将BIM模型承载的食堂实体三维结构以及食堂建设各阶段信息与食堂运行的实时管控场景相结合，充分发挥BIM模型在高校食堂运维阶段的应用价值，降低运维成本、提高运维效率，实现食堂运维智慧化。

1. 可视化运维管理

食堂运维管理涉及面广、设备品种多、系统复杂，对可靠性要求较高，与高校的正常运行息息相关，结合VR技术，"BIM+"高校食堂运维管理系统能提供三维可视化体验式管理，可全面提供与实际相符的食堂各系统及构件的路由图、三维图等，为运维人员提供管理、设施等三维数据、材料、规格等各类信息，这让运维人员能充分了解隐蔽工程的各类管线及设施，并通过模拟维保过程优化维保方案，给运维带来了很大的便利。

2. 数据的实时更新

系统通过对食堂BIM模型数据和运维过程中产生的数据进行整合，形成食堂运维完整的数据库，可以提供食堂运维各类信息的查询和统计报告，为食堂的资产管理、采购管理、维护维修管理、能耗管理提供数据支持，为财务管理提供参考依据。

3. 多部门的及时共享

基于"BIM+"技术的公共建筑运维管理系统能够实现多部门同步更新、及时共享建筑物内外的运维信息，保证信息的时效性和真实性，实现动态化的管理，为管理部门开展工作提供参考依据。

4. 多功能的综合管理

系统可以基于数据资源层进行安全态势、能耗运营态势、设施态势、工单态势的综合态势分析；进行能耗计量、能耗分析评估、能源折算、能耗报警等综合能耗管理；通过数据分析食堂建筑智能化系统的内部规律，将各类数据生成数据曲线、表格等报告，向管理者提供按系统、区域、部门等方式生成的统计数据。

5. 形成了闭环管理

BIM 技术作为横跨建设期和运维期的建筑信息共享传递载体，可以将项目的功能属性、使用情况等信息集成在参数模型中；同时，BIM 技术又能将数据以三维可视化的形式呈现，帮助管理人员直观地发现问题。因此，基于 BIM 技术的数字化竣工交付打通了项目数据从建设期向运维期的传递路径[148]，建立了信息流转与运维工作流程之间的联系，形成了预测—监控—维护—更新的闭环管理，让各管理内容的实现有机集成，呈现场景化，提高了运维管理的响应速度。

6. 推动学校智慧校园管理平台的建设

通过应用“BIM+”高校食堂运维管理系统，学校对食堂的管理实现了可视化建筑空间管理、组织机构管理、空间结构优化、数据共享等，为学校推广应用基于“BIM+”智慧校园管理平台奠定了基础。

参考文献

[1] EASTMAN C, et al. An outline of the building description system: research report No. 50 [R]. Pittsburgh: Carnegie Mellon University, Institute of Physical Planning, 1974: 23.

[2] 余雷，张建忠，蒋凤昌，等. BIM在医院建筑全生命周期中的应用 [M]. 上海：同济大学出版社，2017.

[3] EASTMAN C, HENRION M. GLIDE: a language for design information systems [J]. ACM SIGGRAPH Computer Graphics, 1977, 11 (2): 24-33.

[4] 陈延敏，李锦华. 国内外建筑信息模型BIM理论与实践研究综述 [J]. 城市，2013 (10): 72-76.

[5] 刘照球，建筑信息模型BIM概论 [M]. 北京：机械工业出版社，2017: 9-15.

[6] 袁正刚. BIM的深入理解和实用指南 [J]. 中国建设信息，2012 (20): 26-28.

[7] EASTMAN C M, SIABIRIS A. A generic building product model incorporating building type information [J]. Automation in Construction, 1995, 3 (4): 283-304.

[8] 黄靖雯. 基于BIM和大数据的建筑运维管理研究 [D]. 北京：北京邮电大学，2019.

[9] 毕庆生，李邓超. BIM技术在暖通空调中的应用探索 [J]. 机电信息，2016 (30): 61-62.

[10] 陈清娟，郑史敏，贺成龙. BIM技术应用现状综述 [J]. 价值工程，2016, 35 (14): 22-24.

[11] 伍凌芳. BIM管理软件商业应用模式研究 [D]. 北京：北京邮电大学，2018.

[12] 姜学智，李忠华. 国内外虚拟现实技术的研究现状 [J]. 辽宁工程技术大学学报（自然科学版），2004, 23 (2): 238-240.

[13] EASTMAN C, TEICHOLZ P, SACKS R, et al. BIM handbook: a guide to building information modeling for owners, managers, designers, engineers and contractors [M]. 2nd ed. Hoboken, NJ, USA: John Wiley & Sons, 2011.

[14] LEE G, SACKS R, EASTMAN C M. Specifying parametric building object behavior (BOB) for a building information modeling system [J]. Automation in Construction, 2006, 15 (6): 758-776.

[15] 王轶群. BIM技术应用基础 [M]. 北京：中国建筑工业出版社，2015.

[16] SMITH D K, TARDIF M. Building information modeling: a strategic implementation guide for architects, engineers, constructors, and real estate asset managers [M]. Hoboken, NJ, USA: John Wiley & Sons, 2009.

[17] 周游，陈建丰. 基于BIM技术的道路工程模型建立及应用 [J]. 公路交通技术，2018, 34 (3): 29-32, 38.

[18] 李菲. BIM技术在工程造价管理中的应用研究 [D]. 青岛：青岛理工大学，2014.

[19] 杨晓. BIM2.0技术在居住建筑设计领域的应用研究 [D]. 青岛：青岛理工大学，2019.

[20] 杨骐麟．基于BIM的可视化协同设计应用研究［D］．成都：西南交通大学，2016.
[21] 张成龙，李介鹏，赵宏宇，等．寒地木结构建筑设计中BIM技术与CAD技术应用分析：以吉林建筑大学风屏障木结构建筑为例［J］．吉林建筑大学学报，2017，34（6）：32-38.
[22] 龙文志．建筑业应尽快推行建筑信息模型（BIM）技术［J］．建筑技术，2011，42（1）：9-14.
[23] 杨东伟．Bently在垃圾电厂管线碰撞检测的应用［J］．建筑节能（中英文），2021，49（3）：39-42.
[24] 王廷魁，邓兢兢，李骁．基于内容分析法的BIM设计阶段应用研究综述［J］．建筑经济，2016，37（9）：100-105.
[25] 王春明．BIM技术在地铁工程项目精细化管理中的应用研究：以上海地铁13号线某车站施工项目为例［D］．武汉：湖北工业大学，2017.
[26] 胡振中，彭阳，田佩龙．基于BIM的运维管理研究与应用综述［J］．图学学报，2015，36（5）：802-810.
[27] 李占鑫．基于BIM技术的大型商业项目运维管理的研究［D］．天津：天津大学，2017.
[28] KORPELA J，MIETTINEN R，SALMIKIVI T，et al. The challenges and potentials of utilizing building information modelling in facility management：the case of the Center for Properties and Facilities of the University of Helsinki［J］. Construction Management and Economics，2015，33（1）：3-17.
[29] BECERIK-GERBER B，JAZIZADEH F，LI N，et al. Application areas and data requirements for BIM-enabled facilities management［J］. Journal of Construction Engineering and Management，2012，138（3）：431-442.
[30] LIU R，ISSA R R A. Survey：Common knowledge in BIM for facility maintenance［J］. Journal of Performance of Constructed Facilities，2016，30（3）：04015033.
[31] GIEL B，ISSA R R A. Framework for evaluating the BIM competencies of facility owners［J］. Journal of Management in Engineering，2016，32（1）：04015024.
[32] COSTA A，KEANE M，TORRENS J I，et al. Building operation and energy performance：Monitoring，analysis and optimisation toolkit［J］. Applied Energy，2013，101：310-316.
[33] RÜPPEL U，SCHATZ K. Designing a BIM-based serious game for fire safety evacuation simulations［J］. Advanced Engineering Informatics，2011，25（4）：600-611.
[34] NOUR M. A dynamic open access construction product data platform［J］. Automation in Construction，2010，19（4）：407-418.
[35] HALFAWY M M R，FROESE T M. Component-based framework for implementing integrated architectural/engineering/construction project systems［J］. Journal of Computing in Civil Engineering，2007，21（6）：441-452.
[36] LI C Z，ZHONG R Y，XUE F，et al. Integrating RFID and BIM technologies for mitigating risks and improving schedule performance of prefabricated house construction［J］. Journal of Cleaner Production，2017，165：1048-1062.
[37] 俞杰．医疗建筑智能运维管理平台开发与应用［J］．现代建筑电气，2021，12（7）：

29-35.
[38] 关炜，孙庆宇，朱清帅. BIM 技术发展现状及其在南水北调工程中的应用［J］. 河南水利与南水北调，2021，50（9）：38-40，43.
[39] 李毅旭，黄志强，黎永辉，等. BIM 技术在建筑行业的应用初探：基于文献综述［J］. 科技创新与应用，2020（24）：180-181.
[40] 梁群，曲伟. 运用 BIM 技术进行建设项目全寿命周期信息管理［J］. 时代农机，2015，42（6）：163-164.
[41] 杨志敏，李惠玲，徐晓晴，等. BIM 技术在建筑工程设计与施工阶段中的应用价值［J］. 建筑与预算，2017（3）：5-9.
[42] 张阳. 基于国内 BIM 运维管理研究综述［J］. 城市建筑，2020，17（30）：191-193.
[43] 高镝. BIM 技术在长效住宅设计运维中的应用研究［J］. 山西建筑，2014，40（7）：3-4.
[44] 王晓玲，邱茂盛. BIM 在高校学生宿舍运维管理中的应用与实践［J］. 厦门城市职业学院学报，2018，20（3）：93-96.
[45] 李正坤，张德海，刘本宁. BIM 技术在高校资产运维管理中的应用［J］. 土木建筑工程信息技术，2019，11（5）：97-102.
[46] 苗泽惠，宋晨旭，王野. 浅谈 BIM 技术在博物馆运维管理中的应用［J］. 智能建筑与智慧城市，2019（6）：55-56，58.
[47] 史培沛. BIM 技术下高校食堂建筑被动式节能设计研究［D］. 重庆：重庆大学，2016.
[48] 徐瑞楠. 基于 BIM 的校园基础设施运维管理的关键因素研究［D］. 天津：天津大学，2019.
[49] 田金瑾. 基于 BIM 的大型商业建筑设施管理系统研究［D］. 郑州：郑州大学，2019.
[50] 陈梓豪，白宝军，陈昆鹏，等. 华润深圳湾国际商业中心项目 BIM 运维管理平台应用［J］. 施工技术，2018，47（S4）：1073-1076.
[51] 张玉彬，赵奕华，李迁，等. 基于 BIM 竣工模型的医院智慧运维系统集成研究［J］. 工程管理学报，2019，33（2）：141-146.
[52] 贺灵童. BIM 在全球的应用现状［J］. 工程质量，2013，31（3）：12-19.
[53] 范兴晓. 施工企业的 BIM 应用研究［D］. 西安：西安建筑科技大学，2016.
[54] McGraw-Hill Construction. The business value of BIM in North America：multi-year trend analysis and user ratings（2007—2012）［Z］. 2012.
[55] 薛松. 基于 BIM 的大型复杂工程信息管理研究［D］. 镇江：江苏大学，2016.
[56] 张强. 基于 BIM 的建筑工程全生命周期信息管理研究［D］. 武汉：武汉工程大学，2017.
[57] 成丽媛. BIM 在全球的应用现状［J］. 中国高新区，2017（11）：27.
[58] 陈延敏，李锦华. 国内外建筑信息模型 BIM 理论与实践研究综述［J］. 城市，2013（10）：72-76.
[59] 俞利春，廖福权，查健明. BIM 技术国内外研究历程及在工程项目管理中的应用［J］. 江西建材，2020（8）：165-167.
[60] 张海龙. 建筑信息模型的国外研究综述［J］. 化工管理，2018（35）：64-65.

[61] 清华大学 BIM 课题组．中国建筑信息模型标准框架研究 [M]. 北京：中国建筑工业出版社，2011.
[62] 2003~2008 年全国建筑业信息化发展规划纲要（中）[J]. 建筑，2004 (2)：55-57.
[63] 观研天下．2020 年中国 BIM 市场分析报告：市场现状与未来商机分析 [DB/OL]. (2020-10-22) [2022-02-13]. http：//baogao. chinabaogao. com/xixinfuwu/527299527299. html.
[64]《中国建筑业 BIM 应用分析报告（2020）》编委会．中国建筑业 BIM 应用分析报告（2020）[M]. 北京：中国建筑工业出版社，2020：1-15.
[65] 董丽．建筑信息模型（BIM）与传统 CAD 的对比分析 [J]. 居舍，2021 (22)：162-163，167.
[66] AGARWAL R，CHANDRASEKARAN S，SRIDHAR M. Imagining construction's digital future [R]. New York：McKinsey & Company，2016：24.
[67] 杨文广．BIM 与咨询公司转型发展 [J]. 中国工程咨询，2015 (4)：20-22.
[68] 李璨．BIM 技术在建筑设计质量检查中规范转译的方法研究 [D]. 重庆：重庆大学，2019.
[69] 谢校亭，赵富壮，张元春．BIM 技术在地铁暗挖风道施工中的应用 [J]. 市政技术，2016，34 (6)：105-108.
[70] 张云翼，林佳瑞，张建平．BIM 与云、大数据、物联网等技术的集成应用现状与未来 [J]. 图学学报，2018，39 (5)：806-816.
[71] 中华人民共和国住房和城乡建设部．2016—2020 年建筑业信息化发展纲要 [J]. 工程质量，2017，35 (3)：89-92.
[72] 中华人民共和国住房和城乡建设部．民用建筑设计统一标准：GB 50352—2019 [S]. 北京：中国建筑工业出版社，2019：2-6.
[73] 中华人民共和国统计局．中国统计年鉴 2021 [DB/OL]. (2021-09-18) [2022-02-14]. http：//www. stats. gov. cn/tjsj/ndsj/2021/indexch. htm.
[74] 张坤杰．基于 BIM 技术的商业地产项目的运维管理应用研究 [D]. 青岛：青岛理工大学，2019.
[75] 江文．BIM 技术在公共建筑运营维护阶段的应用研究 [D]. 大连：大连理工大学，2016.
[76] 张彬．基于 BIM 技术的建筑运营管理应用探索 [D]. 成都：西南交通大学，2016.
[77] 王慰佳．基于既有 BIM 施工模型的运维数据库结构设计 [D]. 上海：同济大学，2018.
[78] 张新华．大型公共建筑设施管理系统研究与应用 [D]. 武汉：华中科技大学，2015.
[79] 曾思颖．基于 BIM 的建筑设施管理信息需求与应用研究 [D]. 重庆：重庆大学，2017.
[80] 张楹弘．BIM 技术在建筑运维管理中的应用研究 [D]. 长春：长春工程学院，2019.
[81] 王小峰．设施管理外包研究 [D]. 武汉：华中科技大学，2008.
[82] 董效东．基于 BIM 的大型公共建筑设备运维管理系统 [J]. 现代建筑电气，2021，12 (8)：38-42.
[83] 李伟．基于 BIM 技术的物业运维管理研究 [D]. 郑州：河南工业大学，2016.
[84] 姜铭．基于 BIM 技术的住宅项目运维管理研究及应用 [D]. 天津：天津工业大学，2019.

[85] 吴楠. BIM 技术在公共建筑的运维管理应用研究 [D]. 北京：北京建筑大学，2017.

[86] 张宇. 基于 BIM 与物联网的大型酒店运维管理研究 [D]. 徐州：中国矿业大学，2020.

[87] 戚仁江. HACCP 与“6S”结合模式在学校食堂食品安全中的应用研究 [D]. 合肥：安徽医科大学，2013.

[88] 宋显文. 浅谈高校食堂食品卫生安全管理 [J]. 北方文学（中旬刊），2014 (11)：210.

[89] KOCH C. Operations management on the construction site：developing a human resource and knowledge oriented alternative to lean construction [C]//KHOSROWSHAHI F. 20th Annual ARCOM Conference. Edinburgh：Association of Researchers in Construction Management，2004，2：1017-1027.

[90] POPOV V，JUOCEVICIUS V，MIGILINSKAS D，et al. The use of a virtual building design and construction model for developing an effective project concept in 5D environment [J]. Automation in construction，2010，19 (3)：357-367.

[91] FORNS-SAMSO F，BOGUS S M，MIGLIACCIO G C. Use of building information modeling (BIM) in facilities management [C] //Proceedings of Annual Conference：Canadian Society for Civil Engineering . Ottawa，Canada：CSCE，2011，3：1815-1824.

[92] YU K，FROESE T，GROBLER F. A development framework for data models for computer-integrated facilities management [J]. Automation in construction，2000，9 (2)：145-167.

[93] EL-AMMARI K H. Visualization，data sharing and interoperability issues in model-based facilities management systems [D]. Montreal，Canada：Concordia University，2006.

[94] MEADATI P，IRIZARRY J，AKHNOUKH A K. BIM and RFID integration：a pilot study [C] // Second International Conference on Construction in Developing Countries (ICCIDC-Ⅱ)：Advancing and Integrating Construction Education，Research and Practice Cairo Egypt：ICCIDC，2010，5 (4)：570-578.

[95] LIU X，AKINCI B. Requirements and evaluation of standards for integration of sensor data with building information models [C] //Proceedings of the 2009 ASCE International Workshop on Computing in Civil Engineering (2009) . Reston VA，USA：ASCE，2009，346：95-104.

[96] MOTAMEDI A，HAMMAD A. Lifecycle management of facilities components using radio frequency identification and building information model [J]. Journal of Information Technology in Construction (ITCON)，2009，14 (18)：238-262.

[97] EAST E W . Construction operations building information exchange (COBIE)：requirements definition and pilot implementation standard [R]. Washington DC：Construction Engineering Research Laboratory，2007.

[98] GODAGE B A. Analysis of the information needs for existing buildings for integration in modern BIM-based building information management [C] //The 8th International Conference Enviromental Engineering Selected Papers. Vilnius，Lithuania：Vilnius Gediminas Technical University Press “Technika”，2011.

[99] 周森锋，谢岳来. 购物中心开发建设与运营管理探讨 [J]. 城市开发，2004 (9)：54-56.

[100] 王睿．浅析科技馆的运营管理［J］．科教文汇，2012（34）：189-190.
[101] 纪博雅，戚振强，金占勇．BIM 技术在建筑运营管理中的应用研究：以北京奥运会奥运村项目为例［J］．北京建筑工程学院学报，2014，30（1）：68-72，82.
[102] 冯丹，陆惠民．持有型物业运营管理的信息化建设研究［J］．土木建筑工程信息技术，2012（3）：61-67.
[103] 过俊，张颖．基于 BIM 的建筑空间与设备运维管理系统研究［J］．土木建筑工程信息技术．2013，5（3）：41-49，62.
[104] 汪再军．BIM 技术在建筑运维管理中的应用［J］．建筑经济，2013，9（42）：94-97.
[105] 张建平，郭杰，王盛卫，等．基于 IFC 标准和建筑设备集成的智能物业管理系统［J］．清华大学学报（自然科学版），2008，48（6）：940-946.
[106] 胡振中，陈祥祥，王亮，等．基于 BIM 的机电设备智能管理系统［J］．土木建筑工程信息技术．2013，5（1）：17-21.
[107] 朱庆，胡明远，许伟平，等．面向火灾动态疏散的三维建筑信息模型［J］．武汉大学学报（信息科学版），2014，39（7）：762-766，872.
[108] HOUSE S，BALLESTY S，MITCHELL J，et al. Adopting BIM for facilities management：Solutions for managing the Sydney Opera House［Z］. 2007.
[109] 何清华，钱丽丽，段运峰，等．BIM 在国内外应用的现状及障碍研究［J］．工程管理学报，2012，26（1）：12-16.
[110] 北京建筑设计研究院．BIM 在昆明新机场航站楼机电设备安装与运营中的应用［J］．建筑．2013（11）：39-44.
[111] 张建平．BIM 技术的研究与应用［J］．施工技术资讯．2011（1）：15-18.
[112] 鞠明明，李少伟，周剑思，等．浅谈 BIM 融入 IBMS 的建筑运维管理［J］．绿色建筑，2015（1）：48-50.
[113] 王延魁，张睿奕．基于 BIM 的建筑设备可视化管理研究［J］．工程管理学报，2014（6）：32-36.
[114] 江帆．基于 BIM 和 RFID 技术的建设项目安全管理研究［D］．哈尔滨：哈尔滨工业大学，2014.
[115] 杨子玉．BIM 技术在设施管理中的应用研究［D］．重庆：重庆大学，2014.
[116] MOORE M，FINCH E. Facilities management in South East Asia［J］. Facilities，2004，22（9/10）：259-270.
[117] 郑万钧，李壮．浅析大厦型综合楼物业设备设施的管理［J］．黑龙江科技信息，2008（19）：98.
[118] 曹吉鸣，缪莉莉．我国设施管理的实施现状和制约因素分析［J］．建筑经济，2008（3）：100-103.
[119] 龚东晖．基于 BIM 的商业地产运维管理应用体系研究［D］．西安：西安建筑科技大学，2017.
[120] 许娜，宫彦入．基于 BIM 的建筑运维管理系统框架体系研究：以徐州便民服务中心工程为例［J］．建筑经济，2018，39（2）：45-48.
[121] 胡康．基于 BIM 的智慧园区运维管理信息系统研究［D］．合肥：合肥工业大

学，2017.
[122] 李晨超．基于设施管理的公共建筑运维管理研究［D］. 长春：吉林建筑大学，2020.
[123] 包震宇．基于 BIM 技术的公建类建筑幕墙运维系统与更新技术研究［D］. 上海：同济大学，2017.
[124] 殷大江．BIM 在铁路站房运维管理中的应用研究［D］. 北京：北京交通大学，2018.
[125] 石鹏．基于 BIM 与物联网的建筑运维管理系统研究［D］. 郑州：郑州大学，2020.
[126] 张志平．基于 BIM 与 RFID 的某公共建筑运维集成管理研究［D］. 西安：西安建筑科技大学，2020.
[127] 黄珺．基于 BIM 的建筑工程运行维护阶段协同管理研究［D］. 南京：东南大学，2018.
[128] 徐照，等．BIM 技术与现代化建筑运维管理［M］. 南京：东南大学出版社，2018.
[129] DESHPANDE A，AZHAR S，AMIREDDY S. A framework for a BIM-based knowledge management system［J］. Procedia Engineering，2014，85：113-122.
[130] KIM K，KIM G，YOO D，et al. Semantic material name matching system for building energy analysis［J］. Automation in Construction，2013，30：242-255.
[131] 李杏．基于 BIM 技术的医院建筑运维管理研究［D］. 北京：北京建筑大学，2019.
[132] 刘畅．基于 BIM 的建设工程全过程造价管理研究［D］. 重庆：重庆大学，2014.
[133] 陈清娟，郑史敏，贺成龙．BIM 技术应用现状综述［J］. 价值工程，2016，35（14）：22-24.
[134] 徐志斌．基于 BIM 的 EPC 项目管理应用研究［D］. 郑州：中原工学院，2021.
[135] SMITH D. An introduction to building information modeling（BIM）［J］. Journal of Building Information Modeling，2007，2007：12-14.
[136] 胡康．基于 BIM 的智慧园区运维管理信息系统研究［D］. 合肥：合肥工业大学，2017.
[137] 刘谦．BIM + 大数据在工程招标采购领域的应用［J］. 建筑经济，2019，40（8）：65-67.
[138] 尚超．5G 技术在建筑工程项目管理中的应用研究［J］. 住宅与房地产，2020（29）：86-87.
[139] 陈浩，沈艳松，郑慧捷．BIM+GIS 在高速公路智慧隧道监控平台的应用研究［J］. 公路，2021，66（7）：378-381.
[140] 毛欣．BIM 在医院建筑运维管理中的应用［J］. 科技资讯，2016，14（11）：69-70.
[141] 王长海．BIM 对交通项目建设管理的支持作用及其扩展应用［J］. 中国公路，2017（23）：18-19.
[142] 郑熙．区块链技术在农业领域中的应用前景与挑战分析［J］. 南方农业，2017，11（26）：39-40，42.
[143] 严小丽，吴颖萍．基于区块链的 BIM 信息管理平台生态圈构建［J］. 建筑科学，2021，37（2）：192-200.
[144] 李锦钟．人工智能在 BIM 技术中的应用探索［J］. 智能建筑与智慧城市，2019（5）：79-80，83.

[145] 陈贵涛. 基于 BIM 和本体的建筑运维管理研究 [J]. 工业建筑，2018，48 (2)：29-34.
[146] 刘星. 基于 BIM 的工程项目信息协同管理研究 [D]. 重庆：重庆大学，2016.
[147] 曹芳. BIM 协同管理平台应用现状与趋势研究 [J]. 河南科技，2019 (681)：103-105.
[148] 朱天祺. 基于 BIM 的大型公共建筑工程数字化竣工交付研究 [J]. 工程经济，2021，31 (7)：58-63.
[149] 郭琦. 基于 BIM 的工程项目信息协同管理研究 [J]. 现代物业 (中旬刊)，2020 (2)：111.
[150] 邓子瑜，顾浩天，林明莉，等. 贵州理工学院新校区食堂综合 BIM 应用 [J]. 中国高新科技，2018 (22)：92-96.
[151] 陈晓倩，梁婉婷，李宛蓉，等. 西华大学宜宾研究院一食堂项目工程基于 BIM 的施工管理应用 [C] //2020 第九届"龙图杯"全国 BIM 大赛获奖工程应用文集. 北京：土木建筑工程信息技术，2020：252-257.
[152] 刘振邦，李亮，张忆晨. 基于数字化技术的智慧工地建设研究 [J]. 铁路技术创新，2019 (4)：86-91.
[153] 何兰生，沈心培. 智慧项目部信息系统开发应用研究 [J]. 铁路技术创新，2019 (4)：65-70.
[154] 艾亮东. 基于物联网技术的高校智慧食堂管理研究 [J]. 信息通信，2020 (8)：119-122.
[155] 吴彤群. 高校食堂管理现状及改革研究 [D]. 徐州：江苏师范大学，2017.
[156] 张沥月. 基于 BIM 技术的项目协同管理平台构建及其应用研究：以某商业建筑装饰工程为例 [D]. 成都：成都理工大学，2018.
[157] 杨波，郑双七，蒋庆华. 基于 BIM 技术的建筑运维管理研究 [J]. 工程与建设，2021，35 (1)：196-198.
[158] 李芳，邱波，李莉，等. 基于 BIM 技术的医院建筑空间智慧化管理探索：以成都中医药大学附属医院为例 [J]. 技术装备，2021，22 (9)：89-92.
[159] 郑子文. 基于 BIM+GIS 的地铁隧道设施设备管理平台研究与应用 [D]. 西安：西安科技大学，2020.
[160] 卢梅，龚东晖. 基于 BIM 的商业地产运维管理应用体系研究 [J]. 价值工程，2017，36 (16)：164-165.
[161] 宋雅璇，刘榕，陈侃，"BIM+"技术在综合管廊运维管理阶段应用研究 [J]. 工程管理学报，2019，33 (3)：81-86.
[162] 蒋雪雁. 智慧建筑运维管理平台的应用研究：以某大型商业综合体项目为例 [J]. 建筑经济，2021，42 (9)：78-82.